"创新设计思维"
数字媒体与艺术设计类新形态丛书

全|彩|微|课|版

# Animate

## 动画制作案例教程

互联网 + 数字艺术教育研究院 策划

王洪江 主编

人民邮电出版社

北 京

图书在版编目（CIP）数据

Animate动画制作案例教程：全彩微课版 / 王洪江
主编. -- 北京 : 人民邮电出版社, 2022.12
（"创新设计思维"数字媒体与艺术设计类新形态丛
书）
ISBN 978-7-115-59883-7

Ⅰ. ①A… Ⅱ. ①王… Ⅲ. ①动画制作软件—教材
Ⅳ. ①TP391.414

中国版本图书馆CIP数据核字(2022)第150312号

## 内 容 提 要

本书讲解 Animate 动画的设计与制作方法，并结合大量案例进行实操。本书共 11 章：第 1 章主要
介绍 Animate 2021 基础知识；第 2 章至第 9 章主要介绍 Animate 2021 的工具、功能及其使用方法；第
10 章主要介绍动画的导出和发布；第 11 章通过一个综合案例帮助读者了解完整的 Animate 动画制作
过程。

本书通过解析典型案例的设计思路，详细介绍 Animate 2021 的实际操作方法，以培养读者的设计
思维，提高读者的实际操作能力。同时，本书还附有微课视频，读者可以扫描二维码观看课堂案例、
课后练习和综合案例的操作视频。

本书可作为各类院校动画设计与制作相关专业的教材，也可作为动画设计人员的参考用书。

♦ 主　　编　王洪江
　　责任编辑　韦雅雪
　　责任印制　王　郁　陈　犇
♦ 人民邮电出版社出版发行　　北京市丰台区成寿寺路 11 号
　　邮编　100164　　电子邮件　315@ptpress.com.cn
　　网址　https://www.ptpress.com.cn
　　北京九州迅驰传媒文化有限公司印刷
♦ 开本：787×1092　1/16
　　印张：14.25　　　　　　　　2022 年 12 月第 1 版
　　字数：370 千字　　　　　　2024 年 12 月北京第 3 次印刷

定价：79.80 元

读者服务热线：(010)81055256　印装质量热线：(010)81055316
反盗版热线：(010)81055315
广告经营许可证：京东市监广登字 20170147 号

前　言

Animate是一款非常优秀的矢量动画制作软件，用该软件制作的动画小巧精致。Animate以流式控制技术和矢量技术为核心，被广泛应用于网站制作、影视创作、新媒体设计等领域，已成为当前动画制作的主流工具软件之一。Animate 2021的资源面板在2020版本的基础上进行了全新的改版，便于用户更好地查找、整理和管理资源，同时，还新增了社交分享、快速分享的功能，用户可将创作的动画快速地发布到社交平台。基于此，本书以Anmiate 2021为工具软件，结合了多位动画设计师的创作成果和一线教师的教学经验，力求使读者快速掌握应用Animate软件制作动画的方法，培养读者的创意思维和设计能力。

## 编写理念

本书体现了"基础知识+案例实操+强化练习"三位一体的编写理念，理实结合，学练并重，帮助读者全方位掌握Animate动画制作的方法和技巧。

基础知识：讲解重要和常用的知识点，分析归纳Animate动画的运动规律和操作技巧。

案例实操：结合行业热点，精选典型的商业案例，详解Animate动画的设计思路和制作方法；通过综合案例，全面提升读者的实际应用能力。

强化练习：精心设计有针对性的课堂练习和课后练习，拓展读者的应用能力。

## 本书特色

本书结合读者的学习规律，精讲基础知识，优选典型案例，并专门设计了"课堂案例""课堂练习""知识拓展""课后练习"等模块，强化读者的创意设计能力。

- **基础知识精讲，快速上手Animate**

详解面板功能 ————

说明工具用法 ————

提示操作细节 ————

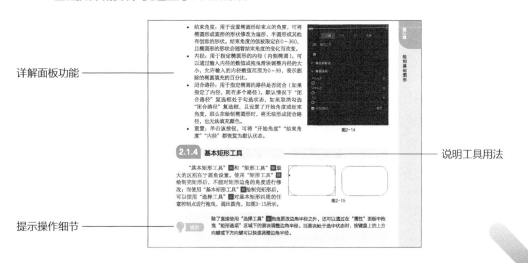

- **课堂案例边做边学，培养创意设计思维**

配套案例素材 ————

分析设计思路 ————

详解实操步骤 ————

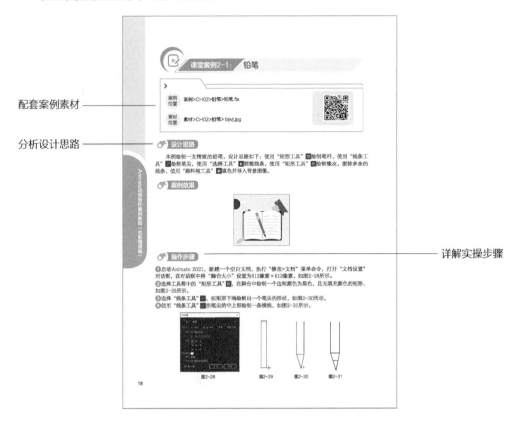

- **课堂练习同步，巩固所学知识**

配套练习素材 ————

解析操作步骤 ————

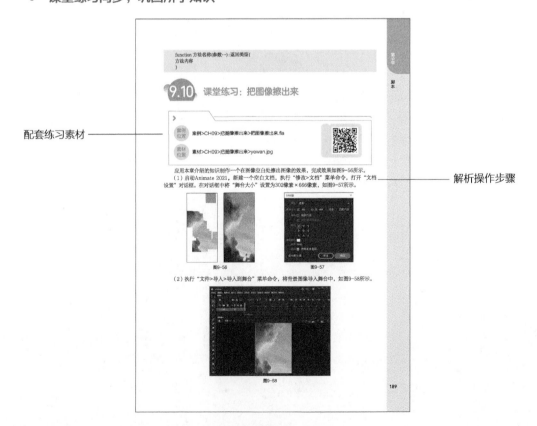

- **基础知识延伸，拓展创意设计能力**

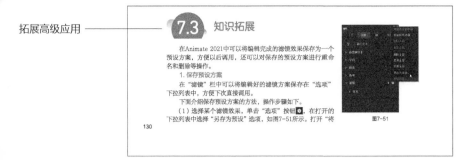

拓展高级应用

### 7.3 知识拓展

在Animate 2021中可以将编辑完成的滤镜效果保存为一个预设方案，方便以后调用，还可以对保存的预设方案进行重命名和删除等操作。

1. 保存预设方案

在"滤镜"栏中可以将编辑好的滤镜方案保存在"选项"下拉列表中，方便下次直接调用。

下面介绍保存预设方案的方法，操作步骤如下。

（1）选择某个滤镜效果，单击"选项"按钮⚙，在打开的下拉列表中选择"另存为预设"选项，如图7-51所示。打开"将

图7-51

130

- **课后练习强化，提高综合应用能力**

课后实操训练

### 3.8 课后练习：杠铃

案例位置　案例>CH03>杠铃>杠铃.fla

视频位置　视频>CH03>杠铃.mp4

本例综合使用各种绘图工具和"颜料桶工具"🪣、"任意变形工具"🔲来制作杠铃，完成效果如图3-88所示。

图3-88

52

## 教学建议

本书的参考学时为56学时，其中讲授环节为26学时，实训环节为30学时。各章的参考学时可参见下表。

| 章序 | 课程内容 | 学时分配 | |
| --- | --- | --- | --- |
| | | 讲授 | 实训 |
| 第1章 | Animate 2021基础 | 1 | |
| 第2章 | 绘制基础图形 | 2 | 3 |
| 第3章 | 对象的编辑操作 | 2 | 3 |
| 第4章 | 时间轴、帧与图层 | 2 | 3 |
| 第5章 | 动画 | 3 | 5 |
| 第6章 | 元件、库和实例 | 3 | 3 |
| 第7章 | 滤镜 | 2 | 2 |
| 第8章 | 声音和视频 | 3 | 3 |
| 第9章 | 脚本 | 3 | 3 |
| 第10章 | 动画的导出和发布 | 2 | 2 |
| 第11章 | 综合案例——抓泡泡小游戏 | 3 | 3 |
| 学时总计 | | 26 | 30 |

本书提供了丰富的教学资源，读者可登录人邮教育社区（www.ryjiaoyu.com），在本书页面中下载。

**微课视频：** 本书所有案例配套微课视频，扫描书中二维码即可观看。

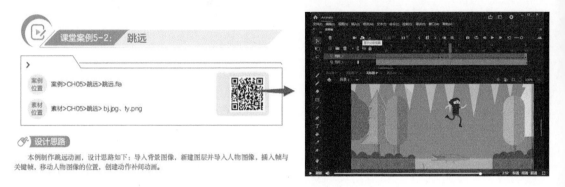

**素材和效果文件：** 本书提供了所有案例需要的素材和效果文件，素材和效果文件均以案例名称命名。

素材文件　　　效果文件

**教学辅助文件：** 本书提供PPT课件、大纲、教学教案、拓展案例库、拓展素材资源等。

PPT课件　　大纲　　教学教案　　拓展案例库　　拓展素材资源

编者
2022年6月

# 目 录

## 第 1 章
# Animate 2021 基础

## 第 2 章
# 绘制基础图形

# 第 3 章
# 对象的编辑操作

# 第 4 章
# 时间轴、帧与图层

# 第5章

# 动画

# 第6章

# 元件、库和实例

# 第7章

# 滤镜

# 第 8 章
# 声音和视频

# 第 9 章
# 脚本

# 第 10 章
# 动画的导出和发布

# 第 11 章
# 综合案例——抓泡泡小游戏

# 第 1 章

# Animate 2021基础

随着计算机技术的不断进步，观众对动画的要求越来越高，传统的动画制作方式已经不能满足其需求。近年来，Animate凭借其强大的功能和便捷的操作，受到越来越多创作者的喜爱，成为动画制作中的主要工具。

# 1.1 认识Animate 2021和Animate动画

如果把网络比作一棵圣诞树，那么Animate动画就是圣诞树上美丽的彩带和闪烁的彩灯，它把网络装扮得更加美丽动人。

## 1.1.1 Animate 2021 概述

Animate以流式控制技术和矢量技术为核心，用它制作的动画小巧精致，因此它被广泛应用于网页动画的设计中，目前已成为各种动画设计最常用的软件之一。与以往的版本相比，Animate 2021进行了全面的升级与优化，使用它可以制作出多种类型的动画。它是业界领先的二维动画制作软件，备受青睐。它不仅支持SWF、AIR等格式，同时还支持HTML5 Canvas、WebGL等技术，并能通过可扩展架构支持包括SVG在内的大多数动画格式。无论你是角色动画师、设计师还是广告开发人员，Animate 2021都可以很好地满足你的使用需求。

## 1.1.2 Animate 2021的应用领域

Animate 2021的应用领域非常广泛，主要包括以下几个方面。

### 1. 动画短片

由于Animate动画对矢量图、视频和声音的良好支持，以及以流媒体的形式进行播放等特点，其能够在文件不大的情况下实现多媒体的播放。这些特点使Animate 2021成为制作动画短片的重要工具。图1-1就是一个使用Animate 2021制作的动画短片。

### 2. 网页广告

网页广告应具备小巧精致、表现力强等特点，而使用Animate 2021制作的广告能恰到好处地满足这些要求，因此Animate 2021在网页广告的制作中得到了广泛应用。图1-2就是一个使用Animate制作的动画网页广告。

图1-1

### 3. 在线游戏

使用Animate 2021中的Actions语句可以编写一些游戏程序，配合Animate 2021的交互功能，能使用户通过网络玩在线游戏。图1-3就是一个用Animate 2021制作的在线游戏。

图1-2

图1-3

#### 4. 多媒体课件

Animate动画素材的获取方法有很多，Animate 2021为多媒体教学提供了简便易操作的演示平台，目前已被越来越多的学校使用。图1-4就是一个使用Animate 2021制作的多媒体课件。

#### 5. HTML5网页

Animate 2021支持HTML5技术，可帮助用户方便、快捷地制作出移动端网页，如图1-5所示。

图1-4

图1-5

# 1.2 Animate 2021的启动与退出

下面介绍启动与退出Animate 2021的方法。

## 1.2.1 启动Animate 2021

要启动Animate 2021，可执行下列操作之一。

- 单击桌面上的"开始"按钮，执行"开始>程序>Adobe Animate 2021"命令。
- 双击桌面上的快捷图标。
- 双击与Animate 2021关联的文档。

## 1.2.2 退出Animate 2021

要退出Animate 2021，可执行下列操作之一。

- 单击Animate 2021工作界面右上角的"关闭"按钮　　。
- 执行"文件>退出"菜单命令。
- 按Ctrl+Q组合键。

# 1.3 Animate 2021的工作界面

启动Animate 2021后，进入Animate 2021的工作界面，如图1-6所示。

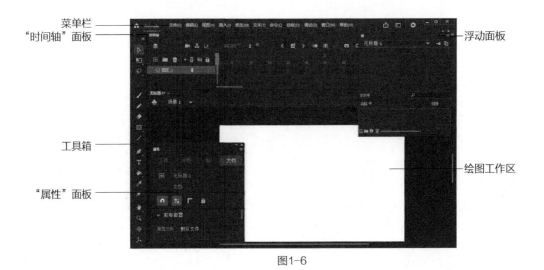

菜单栏
"时间轴"面板
浮动面板

工具箱
绘图工作区

"属性"面板

图1-6

下面介绍Animate 2021的工作界面。

### 1.3.1 菜单栏

通过菜单栏可以执行大多数操作，如新建、编辑和修改等。菜单栏中有"文件""编辑""视图""插入""修改""文本""命令""控制""调试""窗口""帮助"11个菜单，如图1-7所示。

文件(F) 编辑(E) 视图(V) 插入(I) 修改(M) 文本(T) 命令(C) 控制(O) 调试(D) 窗口(W) 帮助(H)

图1-7

### 1.3.2 "时间轴"面板

"时间轴"面板是编辑Animate动画的基础，通过它可以创建不同类型的动画效果，并控制动画的播放和预览。时间轴上的每一小格称为一帧，帧是Animate动画的最小时间单位，连续帧中变化的图像内容形成了动画。"时间轴"面板如图1-8所示。

"时间轴"面板分为两部分：左侧为图层控制区，右侧为帧控制区。一个图层包含若干帧，一部Animate动画通常又包含若干图层。

图1-8

### 1.3.3 工具箱

工具箱中包含用于绘制和编辑矢量图形的各种工具，分为绘画工具区、绘画调整工具区、颜色工具区和工具选项区4部分。

### 1.3.4 浮动面板

浮动面板可以是各种不同功能的面板，如"库"面板和"颜色"面板等，如图1-9所示。用户通过显示、隐藏、组合、摆放面板，可以自定义工作界面。

图1-9

## 1.3.5 绘图工作区

绘图工作区也被称作"舞台",它是用于放置图形内容的矩形区域,这些图形内容包括矢量插图、文本框、按钮、导入的位图或视频等。Animate 2021的舞台相当于在Adobe Flash Player中回放Animate文档时显示的矩形空间。用户在工作时可通过放大和缩小操作更改舞台的视图。

## 1.3.6 "属性"面板

"属性"面板用于显示选中对象的属性信息,用户可通过"属性"面板对这些属性进行编辑,这样能够有效提高动画编辑的工作效率及准确性。当选中不同的对象时,"属性"面板中将显示相应的选项及属性。图1-10所示为几种常用工具的"属性"面板。

图1-10

# 1.4 设置Animate 2021的工作空间

使用标尺、网格和辅助线设置Animate 2021的工作空间,可以使动画元素的移动更加精确。标尺是Animate 2021中的一种绘图参照工具,通过在舞台左侧和上方显示标尺,用户可在绘图或编辑影片的过程中对图形对象进行定位。辅助线通常与标尺配合使用,通过舞台中的辅助线与标尺,用户可更精确地对场景中的图形对象进行定位和调整。

## 1.4.1 标尺

标尺可以帮助用户掌握舞台中元素的位置,有助于用户精确定位动画元素。在Animate

2021中默认不显示标尺，要显示标尺，只需要执行"视图>标尺"菜单命令即可，如图1-11所示。

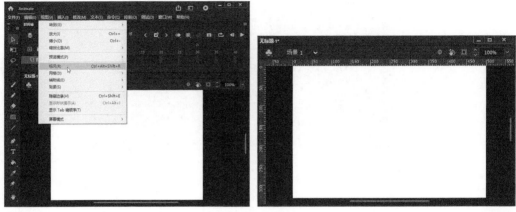

图1-11

显示标尺后，用户移动舞台上的元素时，标尺上会显示元素的边框定位线，指示当前元素的位置。

 提示　如果不想显示标尺了，则再执行一次"视图>标尺"菜单命令即可将其隐藏。

### 1.4.2 网格

为舞台添加网格能够帮助用户方便地编辑动画。在Animate 2021中执行"视图>网格>显示网格"菜单命令，即可在舞台中显示网格，如图1-12所示。

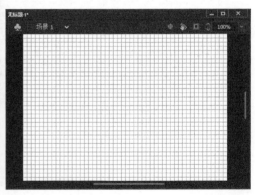

图1-12

如果要对网格进行设置，可以执行"视图>网格>编辑网格"菜单命令，打开"网格"对话框，然后在对话框中进行操作，如图1-13所示。

- 颜色：设置网格线的颜色。单击"颜色框" ，打开调色板，在其中可以选择要应用的颜色，如图1-14所示。
- 显示网格：勾选该复选框即可在舞台中显示网格。
- 在对象上方显示：勾选该复选框可以使网格显示在其他的动画元素上方。
- 贴紧至网格：勾选该复选框后，在舞台中拖曳元件时，如果元件的边缘靠近网格线，它就会被自动吸附到网格线上。

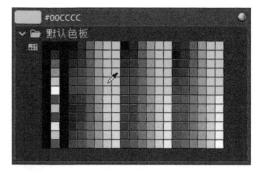

图1-13 图1-14

- ↔ ↕：分别表示网格宽度与网格高度。在 ↔ 右侧的文本框中输入一个值，可以设置网格的宽度（单位为像素）。在 ↕ 右侧的文本框中输入一个值，可以设置网格的高度（单位为像素）。设置网格宽度与网格高度后的效果如图1-15所示。

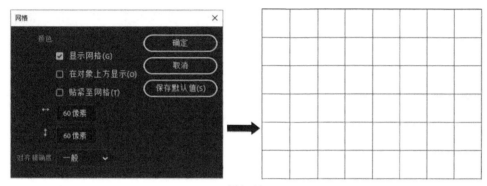

图1-15

- 对齐精确度：设置对象在贴紧网格线时的精确度，其下拉列表中包括"必须接近""一般""可以远离""总是贴紧"4个选项，如图1-16所示。

 只有在"网格"对话框中勾选"贴紧至网格"复选框后，"对齐精确度"下拉列表中的选项才能起作用。如果不需要网格了，按Ctrl+'组合键可以快速隐藏网格。

图1-16

## 1.4.3 辅助线

在舞台中添加辅助线可以帮助用户定位动画元素。要使用辅助线，先要显示标尺，然后执行"视图>辅助线>显示辅助线"菜单命令，接着将鼠标指针移动到横向或竖向的标尺上，按住鼠标左键向舞台中拖曳，即可创建辅助线，如图1-17所示。

 Animate 2021中的辅助线是通过拖曳操作创建的，需要多少条辅助线就拖曳多少次。

利用同样的方法拖曳出其他的水平和垂直辅助线，然后对辅助线的位置进行调整，如图1-18所示。

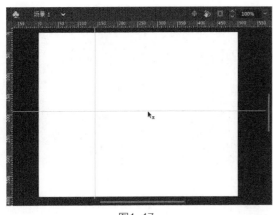

图1-17

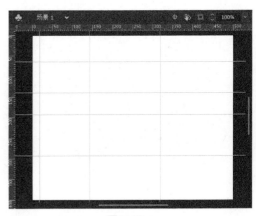

图1-18

**提示**

如果不需要某条辅助线，将其拖曳到舞台外即可删除。用户还可以执行"视图>辅助线>编辑辅助线"菜单命令或按Ctrl+Alt+Shift+G组合键，在打开的"辅助线"对话框中设置辅助线的颜色，在此对话框中还可以对辅助线进行锁定、对齐等操作，如图1-19所示。

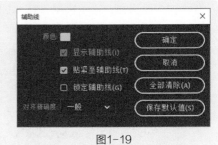

图1-19

## 1.5 知识拓展

在Animate 2021中，用户可以根据自己的需要调整工作区的布局。执行"窗口>工作区"子菜单中的命令，即可进入不同的工作区布局模式，如图1-20所示。

下面分别介绍"工作区"子菜单中各个命令的含义。

- 调试：如果要对创建中的动画进行调试，可以执行"窗口>工作区>调试"菜单命令，进入调试工作区布局模式，如图1-21所示。

图1-20

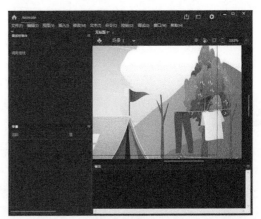

图1-21

- 设计人员：如果用户是设计人员，可以执行"窗口>工作区>设计人员"菜单命令，进入设计人员工作区布局模式，如图1-22所示。

- 开发人员：如果用户是开发人员，可以执行"窗口>工作区>开发人员"菜单命令，进入开发人员工作区布局模式，如图1-23所示。

| 图1-22 | 图1-23 |

- 小屏幕：以小屏幕的模式显示"属性"面板，如图1-24所示。
- 基本功能：只保留Animate 2021基本功能的工作区布局模式，如图1-25所示。

| 图1-24 | 图1-25 |

- 基本：Animate 2021最基本的工作区布局模式，如图1-26所示。
- 动画：在进行动画设计时，执行"窗口>工作区>动画"菜单命令，即可进入动画设计工作区布局模式，如图1-27所示。

| 图1-26 | 图1-27 |

- 传统：用户如果对新的工作界面不习惯，可以执行"窗口>工作区>传统"菜单命令，进入传统工作区布局模式，如图1-28所示。
- 重置"基本"：如果用户在实际操作中不慎弄乱了布局，想要恢复到原始状态，执行"窗口>工作区>重置'基本'"菜单命令即可，如图1-29所示。

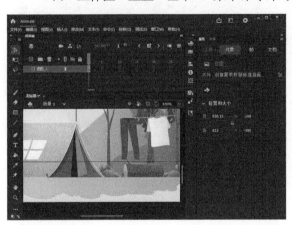
图1-28

图1-29

# 1.6 课后练习：设置网格

| 案例位置 | 案例>CH01>设置网格>设置网格.fla |
| 视频位置 | 视频>CH01>设置网格.mp4 |

应用本章介绍的知识为舞台设置网格，完成效果如图1-30所示。

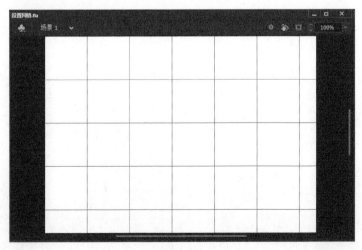
图1-30

# 第 **2** 章

## 绘制基础图形

Animate动画中的图形分为两种：一种是从外部导入的图形，另一种是利用绘图工具在Animate 2021中根据需要绘制的图形。图形绘制是动画制作的基础，只有绘制出好的静态矢量图，才可能制作出优秀的动画。

在Animate 2021中，图形造型工具通常包括"线条工具" 、"椭圆工具" 、"铅笔工具" 和"钢笔工具" 等，配合使用"选择工具" 、查看工具等，就能绘制出各种各样、绚丽多彩的图形。

# 2.1 绘图工具

Animate 2021中的绘图工具包括"线条工具""矩形工具""椭圆工具""基本矩形工具""基本椭圆工具""多角星形工具"等。

## 2.1.1 线条工具

"线条工具"的主要功能是绘制直线。选择工具箱中的"线条工具" ，鼠标指针被移动到舞台中后变成了十字形，说明此工具已经被激活，然后就可以轻松绘制平滑的直线了。"线条工具"的"属性"面板如图2-1所示，其中包括"笔触""笔触大小""样式"等属性。

图2-1

- 笔触：用于设置笔触颜色。单击"笔触"按钮 ，打开调色板，如图2-2所示。在其中可以直接选取某种预先设置好的颜色作为所绘线条的颜色，也可以在上面的文本框中输入线条颜色的十六进制RGB值，例如#009966。如果预先设置的颜色不能满足用户的需求，还可以单击调色板右上角的 按钮，打开"颜色选择器"对话框，在对话框中设置颜色值，如图2-3所示。

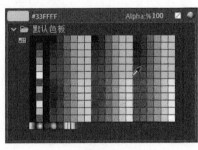

图2-2

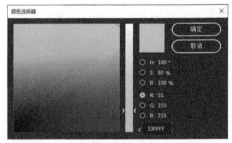

图2-3

- 笔触大小：用于设置线条的粗细。可以通过拖曳滑块来调整粗细，也可以直接在文本框中输入笔触的大小，范围是0.1～10。Animate 2021中的线条粗细以px（像素）为单位，"笔触大小"值越小，线条越细，"笔触大小"值越大，线条越粗。设置好"笔触大小"后，将鼠标指针移动到舞台中，在直线起点的位置按住鼠标左键，然后沿着要绘制的直线的方向拖曳鼠标，在需要作为直线终点的位置释放鼠标，完成上述操作后，舞台中就会出现一条直线。图2-4和图2-5所示分别是设置"笔触大小"为1px和10px时绘制的线条的效果。
- 样式：用于选择预置的笔触样式。在"属性"面板的"样式"下拉列表中可选择Animate 2021预置的一些常用的线条类型，如"实线""虚线""点状线""锯齿线""点刻线"等，如图2-6所示。
- 宽：用于选择预置的笔触宽度样式。在"属性"面板的"宽"下拉列表中可选择Animate 2021预置的线条宽度样式，如图2-7所示。

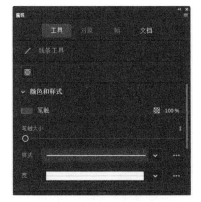

图2-4

图2-5

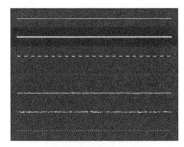

图2-6

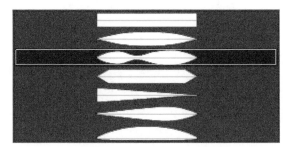

图2-7

- 缩放：用于限制动画中线条的笔触缩放，避免出现线条模糊，其下拉列表中包括"一般""水平""垂直""无"4个选项。
- 端点按钮 ：用于选择线条的端点样式，从左至右依次为"平头端点""圆头端点""矩形端点"3种样式。
- 接合按钮 ：用于设置两条线段相接处，也就是拐角的端点形状，从左至右依次为"尖角""圆角""斜角"3种形状。当选择了"尖角"形状时，可在其右侧的文本框中输入尖角的数值（范围为1~3）。

 提示

在使用"线条工具" 绘制直线的过程中，按住Shift键拖曳鼠标，可以绘制出垂直、水平的直线或者45°斜线。按住Ctrl键可以切换到"选择工具" ，对舞台中的对象进行选取，释放Ctrl键又会自动回到"线条工具" 。

## 2.1.2 矩形工具

使用"矩形工具" 可以绘制矩形和正方形。在默认设置下，绘制的是直角矩形，在Animate 2021中也可以绘制圆角矩形。如果在绘制矩形的同时按住Shift键，则可以在舞台中绘制正方形。"矩形工具"的"属性"面板如图2-8所示。

- 矩形选项：可以指定矩形的边角半径。在"矩形边角半径"文本框中可以输入圆角矩形的边角半径，例如在"矩形边角半径"文本框中输入"30"后，在舞台中绘制的圆角矩形如图2-9所示。如果单击"单个矩形边角半径"按钮 ，则可以分别调整每个边角的半径。

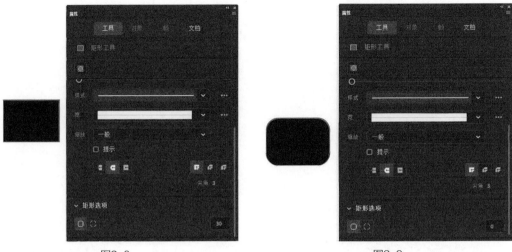

图2-8                                    图2-9

当"矩形边角半径"文本框中输入的值为正值且足够大时，则可以绘制一个圆形，如图2-10所示。当"矩形边角半径"文本框中输入的值为负值时，则绘制的矩形的边角向内陷，如图2-11所示。

提示

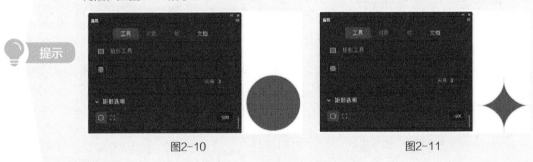

图2-10                                   图2-11

## 2.1.3　椭圆工具

使用"椭圆工具" ◉绘制的图形是椭圆形或圆形。在工具箱中选择"椭圆工具" ◉，然后在舞台中按住鼠标左键拖曳，即可绘制椭圆形，如图2-12所示。

在使用"椭圆工具" ◉的时候，按住Shift键可绘制圆形，如图2-13所示。

图2-12                                   图2-13

可以在"椭圆工具"的"属性"面板中设置椭圆形的线条、色彩、样式、粗细及角度等属性，如图2-14所示。

- 开始角度：用于设置椭圆形开始点的角度，可将椭圆形或圆形的形状修改为扇形、半圆形或其他有创意的形状。起始角度的值被限定在0～360，且椭圆形的形状会随着起始角度的变化而改变。

- 结束角度：用于设置椭圆形结束点的角度，可将椭圆形或圆形的形状修改为扇形、半圆形或其他有创意的形状。结束角度的值被限定在0～360，且椭圆形的形状会随着结束角度的变化而改变。
- 内径：用于指定椭圆形的内径（内侧椭圆）。可以通过输入内径的数值或拖曳滑块调整内径的大小，允许输入的内径数值范围为0～99，表示删除的椭圆填充的百分比。
- 闭合路径：用于指定椭圆的路径是否闭合（如果指定了内径，则有多个路径）。默认情况下"闭合路径"复选框处于勾选状态，如果取消勾选"闭合路径"复选框，且设置了开始角度或结束角度，那么在绘制椭圆形时，将无法形成闭合路径，也无法填充颜色。
- 重置：单击该按钮，可将"开始角度""结束角度""内径"都恢复为默认状态。

图2-14

### 2.1.4 基本矩形工具

"基本矩形工具" ▣和"矩形工具" ▣最大的区别在于圆角设置。使用"矩形工具" ▣绘制完矩形后，不能对矩形边角的角度进行修改；而使用"基本矩形工具" ▣绘制完矩形后，可以使用"选择工具" ▷对基本矩形四周的任意控制点进行拖曳，调出圆角，如图2-15所示。

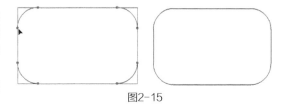

图2-15

除了直接使用"选择工具" ▷拖曳更改边角半径之外，还可以通过在"属性"面板中拖曳"矩形选项"区域下的滑块调整边角半径。当滑块处于选中状态时，按键盘上的上方向键或下方向键可以快速调整边角半径。

### 2.1.5 基本椭圆工具

如果需要绘制较复杂的椭圆形，使用"基本椭圆工具" ◎可以节省大量的操作时间。先使用该工具绘制基本的椭圆，然后在"属性"面板中（见图2-16）更改角度和内径以创建复杂的形状。

默认情况下，"基本椭圆工具" ◎的"属性"面板中的"闭合路径"复选框处于勾选状态，此时可以创建填充的形状，如果想要创建轮廓形状或曲线，则需要取消勾选该复选框。图2-17和图2-18所示形状就是勾选和取消勾选"闭合路径"复选框后的不同效果。

使用"椭圆工具" ◎或"基本椭圆工具" ◎绘制出形状后，可以在"属性"面板的"位置和大小"栏中设置更精确的尺寸，并通过调整"X"和"Y"的值改变图形在文档中的位置，如图2-19所示。

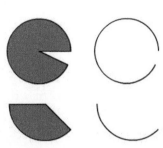

| 图2-16 | 图2-17 | 图2-18 | 图2-19 |

### 2.1.6 多角星形工具

"多角星形工具" 是一种多用途工具，可以用来绘制多种多边形和星形。选择"多角星形工具" 后，在"属性"面板中可以设置绘制形状的类型。在"样式"下拉列表中可以选择应用于多边形和星形的两种形状样式，如图2-20所示。调整"边数"的值（范围为3～32），可以设置多边形或星形的边数，如图2-21所示。

如果要绘制一个星形，调整"星形顶点大小"的值（范围为0～1），可以控制星形的角的尖锐程度。该数值越接近0，星形的角就越尖锐，该数值越接近1，星形的角就越钝，如图2-22所示。

图2-20

图2-21

图2-22

## 2.2 选择工具

在Animate 2021中，"选择工具" 主要用于选择并移动对象。

### 2.2.1 选择对象

对于由一条线段组成的对象，只需用"选择工具" 单击该条线段即可将其选中。

对于由多条线段组成的对象，若只选择线条的某一段，则用该工具单击该段线条即可将其选中，如图2-23所示。

对于由多条线段组成的对象，若要选择整个对象，则用该工具将整个图形框选即可将其选中，如图2-24所示。

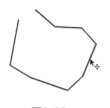

图2-23

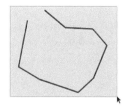

图2-24

如果要选择一个舞台中的多个对象，则用该工具框选要选择的全部对象即可将其选中。

 使用该工具时按住Shift键，再依次单击要选择的对象也可选择多个对象。

## 2.2.2 移动对象

移动对象的操作如下。

（1）选择工具箱中的"选择工具" ▶。

（2）选择要移动的对象，按住鼠标左键拖曳该对象到要放置的位置后释放鼠标，如图2-25所示。

图2-25

## 2.2.3 复制对象

复制对象的操作如下。

（1）选择工具箱中的"选择工具" ▶。

（2）按住Ctrl键选择要复制的对象，按住鼠标左键拖曳对象到要放置复制对象的位置后释放鼠标，如图2-26所示。

图2-26

## 2.2.4 调整对象

可以直接使用"选择工具" ▶调整对象，例如要调整线条的弧度，可将鼠标指针移动到线条上，当下方出现弧度标识时按住鼠标左键拖曳线条即可进行调整，如图2-27所示。

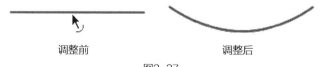

调整前　　　　　　　　　　　　　调整后

图2-27

课堂案例2-1： 铅笔

| 案例<br>位置 | 案例>CH02>铅笔>铅笔.fla |
| 素材<br>位置 | 素材>CH02>铅笔> bjwj.jpg |

**设计思路**

本例绘制一支精致的铅笔，设计思路如下：使用"矩形工具" ▢ 绘制笔杆，使用"线条工具" ✐ 绘制笔尖，使用"选择工具" ▶ 调整线条，使用"矩形工具" ▢ 绘制橡皮，删除多余的线条，使用"颜料桶工具" 填色并导入背景图像。

**案例效果**

**操作步骤**

❶启动Animate 2021，新建一个空白文档，执行"修改>文档"菜单命令，打开"文档设置"对话框，在对话框中将"舞台大小"设置为612像素×612像素，如图2-28所示。

❷选择工具箱中的"矩形工具" ▢，在舞台中绘制一个边框颜色为黑色，且无填充颜色的矩形，如图2-29所示。

❸选择"线条工具" ✐，在矩形下端绘制出一个笔尖的形状，如图2-30所示。

❹使用"线条工具" ✐在笔尖的中上部绘制一条横线，如图2-31所示。

图2-28

图2-29

图2-30

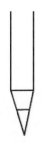

图2-31

Animate动画制作案例教程（全彩微课版）

提示　绘制这条横线是为了制作笔头和笔芯部分。

⑤选择"选择工具" ▶，将鼠标指针移动到刚刚绘制的横线上，当鼠标指针变成 形状时，向上拖曳横线使其产生一定弧度，如图2-32所示。

⑥选择"矩形工具" ▣，在铅笔的合适位置绘制橡皮部分的轮廓线。通常橡皮部分的宽度要比铅笔略宽，如图2-33所示。

⑦选择"选择工具" ▶，将鼠标指针移动到铅笔与橡皮相交的部分，单击多余的线条将其选中，按Delete键将其删除，如图2-34所示。

⑧选择"颜料桶工具" ◭，在"属性"面板中单击"填充"按钮 ▆▆ 填充，在弹出的"颜色"面板中选择蓝色，如图2-35所示。

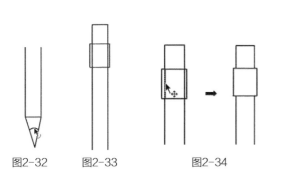
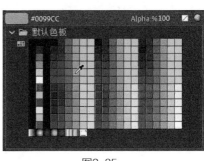

图2-32　　　图2-33　　　图2-34　　　　　　　图2-35

⑨在铅笔最上方的橡皮部分单击，即可为橡皮填色，如图2-36所示。

⑩使用同样的方法为铅笔的其他部分填充不同的颜色，如图2-37所示。

⑪选择"选择工具" ▶，将鼠标指针移动到铅笔的轮廓上双击，将铅笔所有轮廓线选中，按Delete键将轮廓线删除，如图2-38所示。

⑫选择"任意变形工具" ▦，将鼠标指针移动到铅笔上，当鼠标指针变成 ↻ 形状时，按住鼠标左键向左拖曳，即可沿逆时针方向旋转铅笔，如图2-39所示。

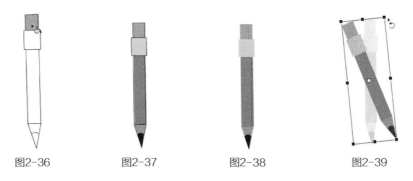

图2-36　　　　　图2-37　　　　　图2-38　　　　　图2-39

⑬执行"文件>导入>导入到舞台"菜单命令，将背景图像导入舞台中，如图2-40所示。

⑭选择导入的图像，单击鼠标右键，在弹出的快捷菜单中执行"排列>移至底层"命令，如图2-41所示。

 提示　将导入的图像移至底层是为了不遮挡绘制的铅笔，使铅笔显示在图像的上层。

⑮执行"文件>保存"菜单命令，打开"另存为"对话框，在"文件名"文本框中输入文件名称，完成后单击"保存"按钮，如图2-42所示。

⑯按Ctrl+Enter组合键，本例完成效果如图2-43所示。

图2-40

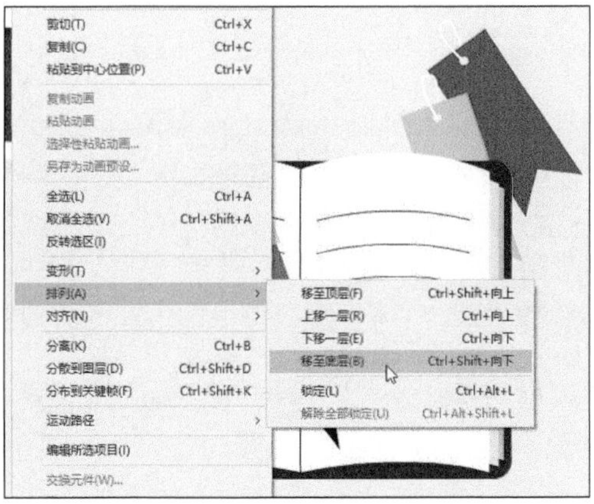

图2-41

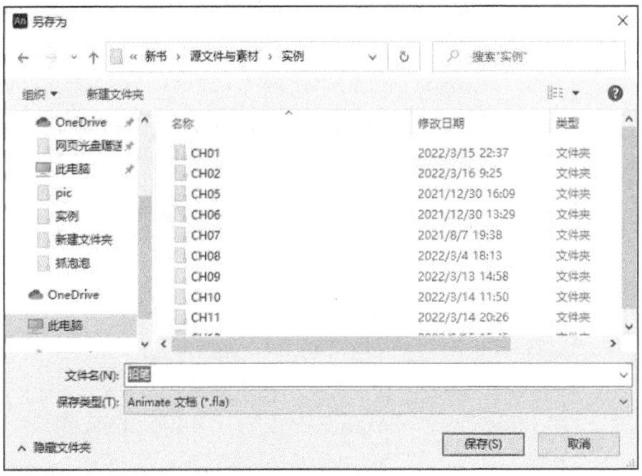

图2-42

图2-43

## 2.3 部分选取工具

"部分选取工具" ▶主要用于对形状进行编辑,其使用方法如下。

若要选择线条,则用"部分选取工具" ▶单击该线条即可,此时线条中会出现图2-44所示锚点。

若要移动线条,则选中该线条中不是锚点的部分,将其拖曳到需要的位置即可,如图2-45所示。

若要修改线条,则选中该线条,将鼠标指针移动到要修改的节点上,当鼠标指针变为 ▶。形状时,按住鼠标左键拖曳该节点(见图2-46)到合适的位置,释放鼠标即可得到图2-47所示效果。

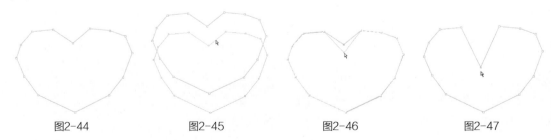

图2-44          图2-45          图2-46          图2-47

# 2.4 铅笔工具、传统画笔工具与橡皮擦工具

在Animate 2021中，用于绘制线条和笔触的工具带有不同的选项，设置这些选项可以准确地绘制和调整基本形状。在使用"铅笔工具" 、"传统画笔工具" 或"橡皮擦工具" 进行绘图辅助的时候，可以动态地应用这些选项，以轻松绘制出精美的图形。

## 2.4.1 铅笔工具

"铅笔工具" 和"线条工具" 都可以用来绘制线条。使用"线条工具" 绘制线条有很多限制，该工具只能用于绘制各种直线；而使用"铅笔工具" 绘制线条较为灵活，既可以绘制直线，也可以绘制曲线。在绘制前需要设置绘制参数，其中包括线条的颜色、粗细和类型。线条的颜色可以通过工具箱中的"笔触颜色"进行设置，也可以在"属性"面板中进行设置，而线条的粗细和线条的类型只能在"属性"面板中进行设置。"铅笔工具"的"属性"面板如图2-48所示。

### 1. 颜色的修改

单击"属性"面板中的"笔触"按钮 笔触，打开调色板，直接选择某种颜色作为笔触颜色，或者在文本框中输入颜色的十六进制RGB值。如果颜色不能满足用户的需求，则可以单击调色板右上角的 按钮，打开"颜色选择器"对话框，在对话框中详细地设置颜色值。

### 2. 样式的修改

"样式"下拉列表用来设置线条类型，Animate 2021预置了一些常用的线条类型，如"实线""虚线""点状线""锯齿状线""点描线""阴影线"等。单击"样式选项"按钮 ，在弹出的下拉列表中选择"编辑笔触样式"选项，可以在弹出的"笔触样式"对话框中进行自定义设置，如图2-49所示。根据需要设置好线条属性后，便可以使用"铅笔工具" 绘制图形了。

图2-48

图2-49

### 3. 选项的设置

使用"铅笔工具" 可以自由地绘制图形。"铅笔工具" 和"线条工具" 的使用方法类似，二者最大的区别就是使用"铅笔工具" 可以绘制出比较柔和的曲线，并且可以灵活地绘制各种矢量线条。选择"铅笔工具" ，单击工具箱的工具选项区中的"铅笔模式"按钮 ，弹出图2-50所示铅笔模式设置下拉列表，其中包括"伸直""平滑""墨水"3个选项。

- 伸直：可对所绘线条进行自动校正，具有很强的线条形状识别能力，能将绘制的近似直

21

线伸直，常用来平滑曲线，简化波浪线，自动识别椭圆形、矩形和半圆形等。选择"伸直"模式的效果如图2-51所示。

- 平滑：可自动平滑曲线，减少抖动造成的误差，从而明显减少线条中的"细小曲线"，实现平滑的线条效果。选择"平滑"模式的效果如图2-52所示。
- 墨水：将鼠标指针经过的实际轨迹作为绘制的线条，此模式可以最大限度地保留实际绘出的线条形状，只做轻微的平滑处理。选择"墨水"模式的效果如图2-53所示。

图2-50

图2-51

图2-52

图2-53

 提示　使用"铅笔工具" 绘制线条，如果同时按住Shift键，则可以绘制出水平或垂直的直线；如果同时按住Ctrl键，则可以暂时切换到"选择工具" ，对舞台中的对象进行选择。

 课堂案例2-2：　大笑表情

| 案例位置 | 案例>CH02>大笑表情>大笑表情.fla |
| --- | --- |
| 素材位置 | 素材>CH02>大笑表情> dxbq.jpg |

**设计思路**

本例制作一个大笑表情图形，设计思路如下：使用设置了笔触颜色与填充颜色的"椭圆工具" 绘制圆形，使用"铅笔工具" 绘制眼睛和嘴，使用"颜料桶工具" 填充颜色并导入背景图像。

**案例效果**

🖱 **操作步骤**

① 启动Animate 2021，新建一个空白文档，在工具箱中选择"椭圆工具" ⬭ ，在"属性"面板中将笔触颜色设置为棕色，填充颜色设置为黄色，"笔触大小"设置为5，如图2-54所示。

② 按住Shift键，在舞台中绘制一个圆形，如图2-55所示。

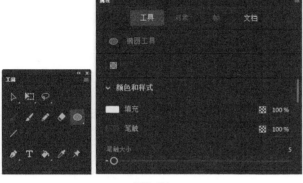 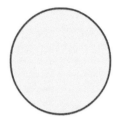

图2-54　　　　　　　　　　　　　　　　　　图2-55

③ 使用"铅笔工具" ✏ 绘制图2-56所示眼睛形状。

④ 使用"铅笔工具" ✏ 绘制一个嘴的形状，如图2-57所示。

⑤ 使用"铅笔工具" ✏ 在嘴的形状中绘制3条竖线表示牙齿，如图2-58所示。

⑥ 在工具箱中选择"颜料桶工具" 🪣 ，将填充颜色设置为白色，在绘制的牙齿形状上单击，填充牙齿颜色，如图2-59所示。

图2-56　　　　　　图2-57　　　　　　图2-58　　　　　　图2-59

⑦ 执行"文件>导入>导入到舞台"菜单命令，将背景图像导入舞台中，如图2-60所示。

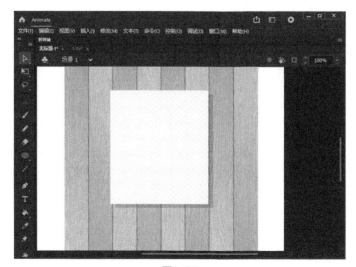

图2-60

⑧选择导入的图像，单击鼠标右键，在弹出的快捷菜单中执行"排列>移至底层"命令，如图2-61所示。

⑨按Ctrl+Enter组合键，本例完成效果如图2-62所示。

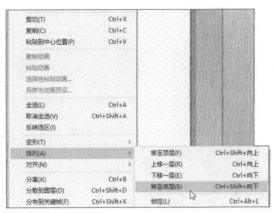

图2-61

图2-62

## 2.4.2 传统画笔工具

使用"传统画笔工具" ✐ 可以创建特殊效果，例如刷子般的笔触。使用"颜料桶工具" ◈ 虽然也可以给图形填充颜色，但它只能填充封闭的图形。而使用"传统画笔工具" ✐ 可以填充任意区域和图形，多用于对填充精度要求不高的情况。使用该工具时，画笔大小在更改舞台的缩放比例级别时可以保持不变，所以当舞台缩放比例降低时，画笔就会显得更大。例如，用户将舞台缩放比例设置为100%，并使用"传统画笔工具" ✐ 以最小的画笔大小上色，然后将舞台缩放比例更改为50%，再上色一次，此时新绘制的笔触就比以前的笔触粗一倍。

选择"传统画笔工具" ✐ 后，在绘图之前，需要设置绘制参数，主要是设置填充颜色，可以在"属性"面板中进行设置。

选择"传统画笔工具" ✐ 后，Animate 2021的"属性"面板中将出现与"传统画笔工具" ✐ 有关的属性，如图2-63所示。

在"属性"面板中单击"画笔模式" ◈ 按钮，弹出"画笔模式"下拉列表，如图2-64所示。

图2-63

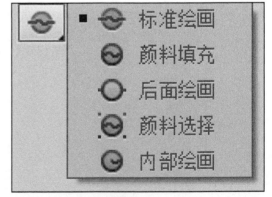

图2-64

- 标准绘画：涂改舞台中的任意区域，可在同一图层的线条和填充区域中上色，如图2-65所示。
- 颜料填充：只能涂改对象的填充区域，不会影响图形的轮廓线，如图2-66所示。

图2-65　　　　　　　　　　　　　　　　　　图2-66

- 后面绘画：不会涂改对象本身，只能涂改对象的背景，不影响线条和填充区域，如图2-67所示。
- 颜料选择：涂改操作只对预先选择的区域起作用，如图2-68所示。
- 内部绘画：只涂改起点所在闭合曲线的内部区域。如果起点在空白区域，就只能在这块空白区域内进行涂改；如果起点在对象内部，则只能在对象内部进行涂改，如图2-69所示。

图2-67　　　　　　　　图2-68　　　　　　　　图2-69

提示　在使用画笔上色的过程中，如果按住Shift 键，则可在舞台中给一个水平或者垂直的区域上色；如果同时按住Ctrl键，则可以暂时切换到"选择工具" ▶，对舞台中的对象进行选取。

除了可以为"传统画笔工具" ✎设置画笔模式外，还可以设置画笔的形状。单击"画笔类型"按钮 ■，可以在弹出的下拉列表中选择画笔形状，如图2-70所示。

图2-70

提示　在使用"传统画笔工具" ✎填充颜色时，为了得到更好的填充效果，还可以使用工具选项区中的"锁定填充"按钮 ■对图形进行锁定填充。

## 2.4.3　橡皮擦工具

使用"橡皮擦工具" ◆可以方便地清除对象中多余的部分或错误的部分，该工具是绘图或编辑图形时常用的辅助工具。"橡皮擦工具" ◆的使用方法很简单，只需在工具箱中选择"橡皮擦工具" ◆，将鼠标指针移动到要擦除的对象上，按住鼠标左键拖曳，即可将鼠标指针经过路径上的对象擦除。

使用"橡皮擦工具" ◆擦除对象时，可以在"属性"面板中选择需要的擦除模式。工具箱的工具选项区中有"标准擦除""擦除填色""擦除线条""擦除所选填充""内部擦除"5种擦除模式，如图2-71所示。它们的编辑效果与"传统画笔工具" ✎的画笔模式类似。

- 标准擦除：正常擦除模式，是Animate 2021默认的擦除模式，对任何区域都有效，如图2-72所示。
- 擦除填色：只对填充区域有效，对对象中的线条不产生影响，如图2-73所示。
- 擦除线条：只对对象的笔触线条有效，对对象中的填充区域不产生影响，如图2-74所示。
- 擦除所选填充：只对选中的填充区域有效，对图形中其他未选中的区域不产生影响，如

图2-75所示。

| 图2-71 | 图2-72 | 图2-73 | 图2-74 | 图2-75 |

- 内部擦除：只对鼠标左键按下时所在的颜色块有效，对其他的颜色块不产生影响，如图2-76所示。

单击"属性"面板中的"橡皮擦类型"按钮 ●，在弹出的下拉列表中选择橡皮擦形状，如图2-77所示。

将鼠标指针移动到对象内部要擦除的颜色块上，按住鼠标左键来回拖曳，即可将经过的颜色块擦除，而不影响对象的其他区域，如图2-78所示。

另外，在"属性"面板中还有一个"水龙头工具" ，它的作用与"颜料桶工具" 和"墨水瓶工具" 相反，是将对象的填充颜色整体去掉，或者将对象的轮廓线全部擦除，只需在要擦除的填充色或者轮廓线上单击即可。要使用"水龙头工具" ，只需在"属性"面板中单击"水龙头工具" 即可，如图2-79所示。

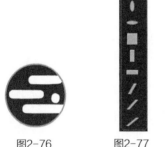

| 图2-76 | 图2-77 | 图2-78 | 图2-79 |

提示　使用"橡皮擦工具" 只能对矢量图形进行擦除，对文字和位图无效，如果要擦除文字或位图，必须先将其打散。若要快速擦除矢量色块或线段，可单击"水龙头工具" ，再单击要擦除的色块或线段。

## 2.5 钢笔工具

"钢笔工具" 用于绘制精确、平滑的路径，如心形等较为复杂的图案都可以使用"钢笔工具"轻松绘制。

提示　"钢笔工具" 又称为"贝塞尔曲线工具"，是许多绘图软件中都有的一种重要工具，有很强的绘图功能。

"钢笔工具" 的"属性"面板和"线条工具"的"属性"面板相似，如图2-80所示。其中，"笔触""样式"等属性更是完

图2-80

全相同。

下面介绍"钢笔工具" 的使用方法。

## 2.5.1 绘制直线

选择"钢笔工具" ，在要绘制的直线的起点位置单击，创建直线路径的第1个锚点，再在要绘制的直线的终点位置单击，即可在终点与起点间绘制一条直线路径，如图2-81所示。

> **提示** 在绘制直线的同时按住Shift键，可以以45°的方向绘制出折线，如图2-82所示。

图2-81　　　　　　　　　　　　　　　　图2-82

## 2.5.2 绘制曲线

绘制曲线时，先定义起点，在定义终点的时候按住鼠标左键，会出现一条线，拖曳可以改变曲线的斜率，释放鼠标后，曲线的形状便确定了，如图2-83所示。

使用"钢笔工具" 还可以对对象的轮廓进行修改，单击某对象的轮廓线（见图2-84），轮廓上的所有锚点会自动出现（见图2-85），然后就可以进行调整了。可以更改线段的角度或长度，或者更改曲线的斜率和方向。拖曳平滑点上的调整手柄可以调整该点两侧的曲线。拖曳角点上的调整手柄，只能调整手柄所在的那一侧的曲线。

图2-83　　　　　　　图2-84　　　　　　　图2-85

> **提示** 初学者在使用"钢笔工具" 绘制图形时不容易控制绘制效果，因此要具备一定的耐心，而且要善于观察，总结经验。使用"钢笔工具" 时，鼠标指针的形状在不停地变化，不同形状的鼠标指针代表不同的含义，具体如下。
>
> ♠ₓ：选择"钢笔工具" 后，鼠标指针自动变成♠ₓ形状，此时单击即可确定一个锚点。
>
> ♠₊：将鼠标指针移动到绘制的曲线上没有锚点的位置，它会变为♠₊形状，此时单击即可添加一个锚点。
>
> ♠₋：将鼠标指针移动到绘制的曲线的某个锚点上时，它会变为♠₋形状，此时单击即可删除该锚点。
>
> ♠：将鼠标指针移动到某个锚点上时，它会变为♠形状，此时单击即可将原来是曲线的锚点变为两条直线的连接点。
>
> 使用"添加锚点工具" 、"删除锚点工具" 和"转换锚点工具" 可以对创建的路径进行编辑。

使用"添加锚点工具"  可以在路径上添加锚点。选择"添加锚点工具" ，将鼠标指针移动到需要添加锚点的路径上，此时鼠标指针变为 形状，如图2-86所示。单击即可添加锚点，如图2-87所示。

> 提示 按住Shift键单击锚点，可以沿水平、45°和垂直3个方向拖曳锚点，改变路径形状。

图2-86 　　　　图2-87

### 2.5.4 删除锚点工具

对于路径中不需要的锚点，可以使用"删除锚点工具" 将其删除。选择"删除锚点工具" ，然后将鼠标指针移动到需要删除的锚点上，此时鼠标指针变为 形状，如图2-88所示。单击即可删除该锚点，路径的形状也会改变，如图2-89所示。

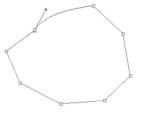

图2-88 　　　　　　　　　　图2-89

### 2.5.5 转换锚点工具

使用"转换锚点工具" 可以使路径在平滑曲线和直线之间相互转换，还可以调整曲线的形状。选择"转换锚点工具" ，单击角点，可以将其转换成平滑点，按住鼠标左键拖曳即可调整曲线的弧度，如图2-90所示。用户也可分别拖曳两侧的调整手柄调整其长度和角度，从而达到修改路径形状的目的。如果用"转换锚点工具" 单击平滑点，则可以将其转换成角点。

图2-90

## 2.6 查看工具

在Animate 2021中绘图时，除一些主要的绘图工具外，还常常要用到查看工具，包括"手形工具" 和"缩放工具" 。

### 2.6.1 手形工具

使用"手形工具" 可以在舞台中移动对象。在工具箱中选择"手形工具" ，鼠标指针将变为手形，按住鼠标左键拖曳，舞台的纵向滚动条和横向滚动条也随之移动，"手形工具" 🖐 的作用就相当于同时拖曳纵向滚动条和横向滚动条。"手形工具" 🖐 和"选择工具" ▶ 是有区别的，虽然用它们都可以移动对象，但是"选择工具" ▶ 是在舞台内移动图形对象，所以对象的实际坐标值是会改变的。使用"手形工具"移动对象时，表面上看到的是对象的位置发生了改变，实际移动的却是舞台的显示空间，而舞台中所有对象的实际坐标并没有改变。使用"手形工具" 🖐 的主要目的是在一些比较大的舞台内将对象快速移动到目标区域，这时使用"手形工具" 🖐 比拖曳滚动条要方便许多。

## 2.6.2 缩放工具

"缩放工具" 🔍 用来放大或缩小舞台的显示大小。在处理图形的细微之处时，使用"缩放工具" 🔍 可以帮助设计者完成重要的细节设计。

在工具箱中选择"缩放工具" 🔍 后，可以在工具选项区中选择"放大工具" 🔍 或"缩小工具" 🔍，如图2-91所示。

- 放大工具：用"放大工具" 🔍 在舞台中单击或者框选一个区域，可以使该处以放大的比例显示，如图2-92所示。
- 缩小工具：用"缩小工具" 🔍 在舞台中单击，可使该处以缩小的比例显示，如图2-93所示。

💡 提示 　按住Alt键，可以在"放大工具" 🔍 和"缩小工具" 🔍 之间切换。

展开舞台右上角的"显示比例"下拉列表，可以选择当前页面的显示比例，如图2-94所示。当然，也可以在其中输入所需的比例数值。在工具箱中双击"缩放工具" 🔍，可以使页面以100%的比例显示。

图2-91

图2-92

图2-93

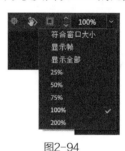

图2-94

## 2.7 知识拓展

图形绘制好以后，可以对其进行组合与分离。组合与分离的作用相反。用绘图工具直接绘制的图形处于矢量分离的状态，对绘制的图形进行组合处理，可以保持图形的独立性。执行"修改>组合"菜单命令或按Ctrl+G组合键，即可组合选择的图形。组合后的图形在被选中时将显示出蓝色边框，如图2-95所示。

组合后的图形是一个独立的整体，可以在舞台中随意拖曳该图形而不会发生变形。组合后的图形可以被再次组合，从而形成更复杂的图形。当多个组合图形被放在一起时，可以执行"修改>排列>下移一层"菜单命令，调整其中某个图形的上下层位置，如图2-96所示。

原图　　　　　　　　　　　　　组合后

图2-95

| 小猫在上层 | 小猫在上层 | 小猫在下层 |

图2-96

分离图形可以将组合后的图形变成分离状态，也可将导入的位图分离。执行"修改>分离"菜单命令或按Ctrl+B组合键，可以分离图形。位图在分离后可以进行填色、清除背景等操作，如图2-97所示。

| 位图 | 分离后 | 清除背景后 |

图2-97

## 2.8 课堂练习：咖啡杯

| 案例位置 | 案例>CH02>咖啡杯>咖啡杯.fla |
| 素材位置 | 素材>CH02>咖啡杯>kfbj.jpg |

应用本章介绍的知识绘制一个咖啡杯，完成效果如图2-98所示。

（1）启动Animate 2021，新建一个空白文档，然后执行"修改>文档"菜单命令，打开"文档设置"对话框。在对话框中设置"舞台大小"为450像素×460像素，"舞台颜色"为橙黄色，如图2-99所示。

（2）在工具箱中选择"椭圆工具" ，在"属性"面板中设置笔触颜色为灰色，"笔触大小"为1，填充颜色为白色，在舞台中绘制一个椭圆形，如图2-100所示。

（3）选择"选择工具" ，选择绘制的椭圆形，依次执行"编辑>复制"菜单命令、"编辑>粘贴到当前位置"菜单命令，复制一个椭圆形并将其粘贴到原位置，再执行"修改>变形>缩放和旋转"菜单命令，在弹出的对话框中将"缩放"设置为92%，如图2-101所示。

（4）在工具箱中选择"线条工具" ，在椭圆形的左侧绘制一条直线，使用"选择工具" 调整线条，如图2-102所示。

图2-98

图2-99

（5）在工具箱中选择"部分选取工具"，对线条上的锚点进行调整，如图2-103所示。

图2-100

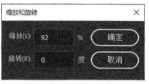

图2-101

图2-102

图2-103

（6）按照同样的方法在椭圆形的右侧绘制一条曲线，使用"部分选取工具"对曲线上的锚点进行调整，如图2-104所示。

（7）在工具箱中选择"线条工具"，绘制杯子底部的线条，使用"部分选取工具"对曲线上的锚点进行调整，然后使用"颜料桶工具"将杯身填充为白色，如图2-105所示。

（8）选择"线条工具"，绘制杯子的手柄，使用"部分选取工具"对其进行调整，然后将其填充为白色，如图2-106所示。

（9）使用"椭圆工具"绘制两个同心的白色椭圆形，然后将绘制好的杯子拖曳到同心椭圆形相应的位置，如图2-107所示。

图2-104

图2-105

图2-106

图2-107

（10）按照同样的方法，使用"椭圆工具"、"线条工具"和"部分选取工具"绘制一个白色的小勺，绘制完成后将其拖曳到图2-108所示位置。

（11）使用"选择工具"框选绘制的所有图形，按Ctrl+G组合键将其组合，如图2-109所示。

（12）执行"文件>导入>导入到舞台"菜单命令，将背景图像导入舞台中，如图2-110所示。

（13）选择导入的图像，单击鼠标右键，在弹出的快捷菜单中执行"排列>移至底层"命令，如图2-111所示。

图2-108

图2-109

 提示　将导入的图像移至底层是为了不遮挡绘制的杯盘，使杯盘显示在导入图像的上层。

（14）使用"选择工具"将绘制的杯子移动到图2-112所示位置。

（15）执行"文件>保存"菜单命令保存文件，按Ctrl+Enter组合键，本例完成效果如图2-113所示。

图2-110

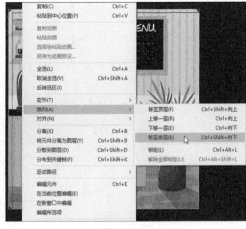

图2-111

图2-112

图2-113

## 2.9 课后练习：向日葵

>
>
> 案例
> 位置　案例>CH02>向日葵>向日葵.fla
>
> 视频
> 位置　视频>CH02>向日葵.mp4

应用本章介绍的知识绘制一朵向日葵，完成效果如图2-114所示。

图2-114

# 第 3 章

# 对象的编辑操作

要使用Animate 2021制作出造型精美、色彩丰富、情节有趣的Animate动画，重点是使用各种图形编辑工具绘制出个性十足、富有变化的造型。本章介绍Animate 2021中各种图形编辑工具的使用方法以及各种对象的处理技巧。

# 3.1 填充工具

Animate 2021中的填充工具包括"颜料桶工具" 、"墨水瓶工具" 、"滴管工具" 和"渐变变形工具" 。

## 3.1.1 颜料桶工具

"颜料桶工具" 是绘图过程中常用的填充工具，用它可以对封闭的轮廓范围或图形区域进行填充。这个区域可以是无色区域，也可以是有色区域。选择工具箱中的"颜料桶工具" ，鼠标指针在舞台中将变成一个小颜料桶，此时颜料桶工具被激活。

"颜料桶工具" 有3种填充模式：单色填充、渐变填充和位图填充。选择不同的填充模式，可以制作出不同的效果。工具箱的工具选项区中有一些"颜料桶工具" 的特有附加功能选项，如图3-1所示。

图3-1

### 1. 间隔大小

单击"间隔大小"按钮 ，弹出下拉列表，如图3-2所示。用户可以在其中设置"颜料桶工具" 要填充的范围。

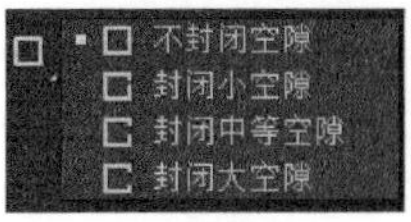

图3-2

- 不封闭空隙：只能填充完全封闭的区域，对于有任何细小空隙的区域，填充都不起作用。
- 封闭小空隙：可以填充完全封闭的区域，也可以填充有细小空隙的区域。
- 封闭中等空隙：可以填充完全封闭的区域和有细小空隙的区域，也可以填充有中等大小的空隙区域。
- 封闭大空隙：可以填充完全封闭的区域、有细小空隙的区域、中等大小的空隙区域，也可以填充有大空隙的区域，不过如果空隙过大则无法填充。

### 2. 锁定填充

单击"锁定填充"按钮 ，可锁定填充区域。

下面介绍如何使用"颜料桶工具" 填充颜色。

（1）在工具箱中选择"铅笔工具" ，在舞台中绘制一个不封闭的图形，如图3-3所示。

（2）在工具箱中选择"颜料桶工具" ，单击工具选项区中的"间隔大小"按钮 ，在下拉列表中选择"封闭大空隙"模式，如图3-4所示。

图3-3

图3-4

（3）单击工具选项区中的"锁定填充"按钮 ，然后单击"填充颜色"按钮 ，在弹出的调色板中选择黄色，如图3-5所示。

（4）使用"颜料桶工具" 在绘制的不封闭图形上单击，对其进行颜色填充，如图3-6所示。

 提示　填充区域的缺口大小只是一个相对的概念，即使是封闭大空隙，实际上也是很小的。

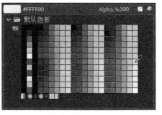

图3-5

图3-6

## 3.1.2 墨水瓶工具

使用"墨水瓶工具" 可以更改对象轮廓的笔触颜色、宽度和样式，对直线或形状轮廓只能应用纯色，而不能应用渐变或位图。下面介绍使用"墨水瓶工具" 填充颜色的方法。

选择工具箱中的"墨水瓶工具" ，打开"属性"面板，在该面板中设置"笔触"和"笔触大小"等属性，如图3-7所示。

- 笔触：用于设置填充笔触的颜色。
- 笔触大小：用于设置填充笔触的粗细，该值越大，填充边线就越粗。
- 样式：用于设置图形轮廓的样式，有"极细""实线""其他样式"3个选项。
- 样式选项 ：单击该按钮，在弹出的下拉列表中选择"编辑笔触样式"选项，打开"笔触样式"对话框，在其中可以自定义笔触样式，如图3-8所示。

图3-7

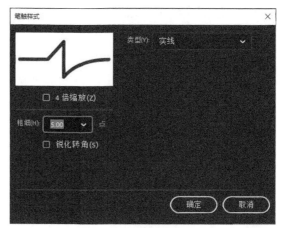

图3-8

- 缩放：可限制笔触缩放，防止出现线条模糊的情况，包括"一般""水平""垂直""无"4个选项。
- 提示：勾选此复选框，可以将笔触锚记点保存为全像素，防止出现线条模糊的情况。

选中需要使用"墨水瓶工具" 添加轮廓的对象，在"属性"面板中设置好线条的颜色、粗细及样式，将鼠标指针移动到对象边缘并单击，为对象添加轮廓，如图3-9所示。

图3-9

💡 提示　如果"墨水瓶工具" 的作用对象是矢量图形，则可以直接为其添加轮廓；如果作用对象是文本或位图，则需要先按Ctrl+B组合键将其分离或打散，然后才可以为其添加轮廓。

### 3.1.3 滴管工具

"滴管工具" 用于对色彩进行采样,用它可以拾取描绘色、填充色及位图图形等。在拾取描绘色后,"滴管工具" 会自动变成"墨水瓶工具" ;在拾取填充色或位图图形后,"滴管工具" 会自动变成"颜料桶工具" 。

"滴管工具" 并没有自己的属性,工具箱的选项面板中也没有相应的附加选项设置,这说明"滴管工具" 没有任何属性需要设置,其功能就是拾取颜色。

使用"滴管工具" 时,将鼠标指针先移动到需要采集色彩特征的区域,然后单击需要采集的某种色彩,即可拾取鼠标指针所在点的颜色,接着单击目标对象,这样刚才所拾取的颜色就被填充到目标对象上了。

### 3.1.4 渐变变形工具

"渐变变形工具" 主要用于对填充颜色进行各种处理,例如选择过渡颜色、旋转颜色和拉伸颜色等。用户可以使用"渐变变形工具" 将选择对象的填充颜色处理为各种需要的色彩。在影片制作中经常要进行颜色的填充和调整,因此熟练使用该工具也是掌握Animate 2021的关键。

选择工具箱中的"渐变变形工具" ,然后选择需要进行填充变形处理的对象,对象四周将出现调整手柄。通过调整手柄对选择的对象进行填充色的处理,处理后即可看到填充色的变化效果。"渐变变形工具" 没有任何属性需要设置,直接使用即可。

下面介绍"渐变变形工具" 的使用方法。

(1)在工具箱中选择"椭圆工具" ,然后在舞台中绘制一个无填充色的椭圆形,如图3-10所示。

(2)选择"颜料桶工具" ,单击"属性"面板中的"填充"按钮,从弹出的调色板中选择黑白径向渐变色,如图3-11所示。

(3)在舞台中单击绘制好的椭圆形,为其填充渐变色,如图3-12所示。

(4)选择"渐变变形工具" ,在舞台中的椭圆形填充区域内单击,这时椭圆形的周围出现了一个渐变圆形。该圆形上共有3个圆形控制点、1个方形控制点,拖曳这些控制点,填充效果会发生变化,如图3-13所示。

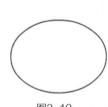
图3-10

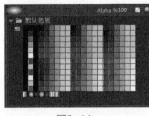
图3-11

图3-12

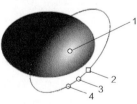
图3-13

下面简要介绍这4个控制点的使用方法。

第1个:调整渐变圆形的中心。拖曳中心的圆形控制点,可以移动填充中心的位置。

第2个:调整渐变圆形的长宽比。拖曳圆周上的方形控制点,可以调整渐变圆形的长宽比。

第3个:调整渐变圆形的大小。拖曳圆周上的渐变圆形大小控制点,可以调整渐变圆形的大小。

第4个:调整渐变圆形的方向。拖曳圆周上的渐变圆形方向控制点,可以调整渐变圆形的倾斜方向。

**课堂案例3-1：** 深山日出

| | |
|---|---|
| 案例位置 | 案例>CH03>深山日出>深山日出.fla |
| 素材位置 | 素材>CH03>深山日出> ssbj.jpg |

 **设计思路**

本例制作一个深山里的日出效果，设计思路如下：设置径向渐变，使用"椭圆工具" ◉绘制圆形，使用"渐变变形工具" 🔳调整渐变颜色，导入背景图像。

**案例效果**

**操作步骤**

❶ 启动Animate 2021，新建一个空白文档，然后执行"修改>文档"菜单命令，打开"文档设置"对话框，在对话框中将"舞台大小"设置为700像素×450像素，"舞台颜色"设置为黑色，如图3-14所示。

❷ 执行"窗口>颜色"菜单命令，打开"颜色"面板，将填充样式设置为"径向渐变"。添加4个滑块，将填充颜色全部设置为白色，将透明度依次设置为100%、10%、33%、0%，如图3-15所示。

❸ 选择"椭圆工具" ◉，在"属性"面板中设置"笔触"为"无"，如图3-16所示。

❹ 按住Shift键在舞台中绘制一个圆形，如图3-17所示。

❺ 选择"渐变变形工具" 🔳，对圆形的填充位置进行调整，如图3-18所示。

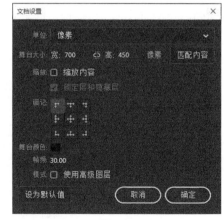

图3-14

❻ 选择绘制的圆形和填充的效果，执行"修改>组合"菜单命令或者按Ctrl+G组合键将其组合，如图3-19所示。

图3-15

图3-16

图3-17

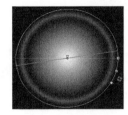

图3-18

图3-19

⑦执行"文件>导入>导入到舞台"菜单命令，将背景图像导入舞台中，如图3-20所示。

⑧将背景图像移至下层，使绘制的圆形显示出来，如图3-21所示。

图3-20

图3-21

⑨保存文件，按Ctrl+Enter组合键，本例完成效果如图3-22所示。

图3-22

# 3.2 任意变形工具

"任意变形工具" 主要用于对各种对象进行缩放、旋转、倾斜扭曲和封套等操作，使用该工具可以将对象变形为各种样式。

选择"任意变形工具" ，在舞台中单击要进行变形处理的对象，对象四周将出现控制点，如图3-23所示。使用"选择工具" 将对象选中，然后选择"任意变形工具" ，对象四周也会出现控制点。调整控制点，可以对该对象进行各种变形处理。

"任意变形工具" 没有相应的"属性"面板，但在工具箱的工具选项区中有一些选项设置，如图3-24所示。

图3-23　　　　　　　　图3-24

## 3.2.1 旋转与倾斜

单击工具选项区中的"旋转与倾斜"按钮 ，将鼠标指针移动到所选对象边角的控制点上，在鼠标指针变成 形状后按住鼠标左键拖曳，可对选择的对象进行旋转操作，如图3-25所示。

移动鼠标指针到所选对象的中心点上，在鼠标指针变成 形状后按住鼠标左键拖曳，可以改变对象在旋转时的轴心，如图3-26所示。

图3-25　　　　　　　　　　图3-26

## 3.2.2 缩放

单击工具选项区中的"缩放"按钮 ，可以对选择的对象做水平和垂直方向上的缩放，如图3-27所示。

水平、垂直方向同时缩放　　　仅水平方向缩放

图3-27

### 3.2.3 扭曲

单击工具选项区中的"扭曲"按钮 ，移动鼠标指针到所选对象边角的控制点上，在鼠标指针变为 ▷ 形状后按住鼠标左键拖曳，可以对对象进行扭曲变形，如图3-28所示。

图3-28

### 3.2.4 封套

单击工具选项区中的"封套"按钮 ，可以在所选对象的边框上设置封套锚点，拖曳这些封套锚点及其调整手柄，可以很方便地进行造型，如图3-29所示。

> **提示** 选择"任意变形工具" ，按住Shift键拖曳某个控制点可以等比例缩放选择的对象。在Animate 2021中，"扭曲"和"封套"按钮只对形状对象起作用，对元件或组合对象无效。

设置封套锚点前　　设置封套锚点后

图3-29

## 课堂案例3-2： 大熊猫头像

| 案例位置 | 案例>CH03>大熊猫头像>大熊猫头像.fla |
| 素材位置 | 视频>CH03>大熊猫头像.mp4 |

### 设计思路

本例绘制一个大熊猫头像，设计思路如下：使用"椭圆工具" 绘制头部，使用"椭圆工具" 绘制左耳并复制、移动完成右耳，使用"椭圆工具" 绘制眼眶并使用"任意变形工具" 调整眼珠，使用"椭圆工具" 绘制鼻子，使用"线条工具" 和"铅笔工具" 绘制嘴。

### 案例效果

**操作步骤**

① 选择 "椭圆工具" ◉ ，在舞台中绘制一个边框颜色为黑色、填充颜色为白色的椭圆形，作为大熊猫的头，如图3-30所示。

② 使用 "椭圆工具" ◉ 绘制一个无边框、填充颜色为黑色的椭圆形，作为大熊猫的耳朵，然后将大熊猫的头拖曳到黑色椭圆形的上层，如图3-31所示。

③ 选择大熊猫的耳朵，复制并粘贴出另一只耳朵，将其拖曳到大熊猫头的另外一侧，完成大熊猫耳朵的绘制，如图3-32所示。

④ 使用 "椭圆工具" ◉ 绘制一个无边框、填充颜色为黑色的椭圆形，然后选择 "选择工具" ▶ ，将椭圆形调整成鸭蛋形，如图3-33所示。

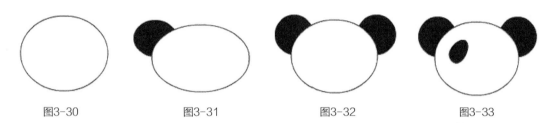

图3-30          图3-31          图3-32          图3-33

⑤ 选择刚才绘制的鸭蛋形，复制并粘贴一次，将复制的对象的填充颜色设置为白色，并使用 "任意变形工具" ▣ 将其缩放为原始大小的30%，然后将其拖曳到黑色对象的中心位置，如图3-34所示。

⑥ 使用 "椭圆工具" ◉ 绘制一个无边框、填充颜色为黑色的圆形，并将其拖曳到白色对象的中心位置，这样就绘制好了大熊猫的一只眼睛，如图3-35所示。

⑦ 使用同样的方法绘制大熊猫的另一只眼睛，如图3-36所示。

⑧ 选择 "椭圆工具" ◉ ，在舞台中绘制一个边框颜色为黑色、填充颜色为白色的椭圆形，如图3-37所示。

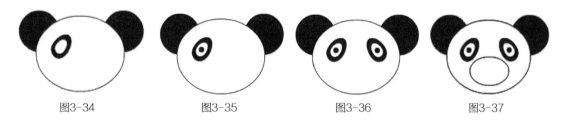

图3-34          图3-35          图3-36          图3-37

⑨ 使用 "椭圆工具" ◉ 绘制一个无边框、填充颜色为黑色的椭圆形，作为大熊猫的鼻子，如图3-38所示。

⑩ 使用 "线条工具" ✓ 绘制一条黑色的竖线，然后使用 "铅笔工具" ✎ 绘制一条黑色的曲线，作为大熊猫的嘴，如图3-39所示。

⑪ 保存文件，按Ctrl+Enter组合键，本例完成效果如图3-40所示。

图3-38          图3-39          图3-40

## 3.3 套索工具

"套索工具" ♀是用来选择对象的，这点与"选择工具" ▷的作用类似。与"选择工具" ▷相比，"套索工具" ♀的选择方式有所不同。使用"套索工具" ♀可以自由框选要选择的区域，而不像使用"选择工具" ▷会将整个对象都选中。

使用"套索工具" ♀选择对象前，可以对它的属性进行设置。"套索工具" ♀没有相应的"属性"面板，但在工具箱中有一些相关工具，如图3-41所示。可以看到，下拉列表中除了"套索工具" ♀外，还有"多边形工具" ♀和"魔术棒" ♪，下面分别对其进行介绍。

图3-41

- 套索工具♀：使用该工具可以在图像中框选出要选择的区域，如图3-42所示。
- 多边形工具♀：使用该工具框选出的区域的边由多条直线段组成，如图3-43所示。

图3-42

图3-43

- 魔术棒♪：使用该工具可以快速选择颜色近似的区域。使用该工具之前，必须先将对象打散，再进行选择，如图3-44所示。只要在图像上单击，就会有连续的区域被选中。

 选择"魔术棒" ♪，打开"属性"面板，在此可以对该工具进行设置，如图3-45所示。

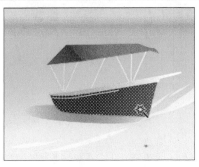

图3-44

图3-45

阈值：用于设置所选颜色的近似程度，只能输入0～500的整数，该值越大，将选择越多的近似颜色。

平滑：用于设置所选区域的边缘的平滑程度，默认选项为"一般"。

## 3.4 对象的基本操作

对对象的基本操作主要包括选择对象、移动对象、复制对象和对齐对象。

## 3.4.1 选择对象

Animate 2021中主要使用"选择工具" ▷ 来选择图形，方法如下。

- 如果对象是元件或组合物体，只需在对象上单击即可将其选中，被选中的对象四周将出现浅蓝色的实线框，如图3-46所示。
- 如果所选对象已被打散，则按住鼠标左键拖曳即可框选要选择的部分，被选中的部分以点的形式显示，如图3-47所示。
- 如果选择的对象是从外部导入的，则选择后对象四周会出现深蓝色的实线框，如图3-48所示。

图3-46          图3-47          图3-48

## 3.4.2 移动对象

移动对象不但可以使用不同的工具，还可以使用不同的方法。下面介绍几种常用的移动对象的方法。

- 使用"选择工具" ▷ 选择要移动的对象，将对象拖曳到另一个位置，如图3-49所示。
- 使用"任意变形工具" ▣ 选择要移动的对象，当鼠标指针变为 ✛ 形状时，将对象拖曳到另一个位置，如图3-50所示。
- 选择要移动的对象，单击鼠标右键，在弹出的快捷菜单中执行"剪切"命令，如图3-51所示。将鼠标指针移动到合适的位置，单击鼠标右键，在弹出的快捷菜单中执行"粘贴"命令。
- 选择要移动的对象，按Ctrl+X快捷键剪切对象，将鼠标指针移动到合适的位置，按Ctrl+V快捷键粘贴对象。

| | |
|---|---|
| 剪切(T) | Ctrl+X |
| 复制(C) | Ctrl+C |
| 粘贴到中心位置(P) | Ctrl+V |
| 复制动画 | |
| 粘贴动画 | |
| 选择性粘贴动画... | |
| 另存为动画预设... | |
| 全选(L) | Ctrl+A |
| 取消全选(V) | Ctrl+Shift+A |
| 反转选区(I) | |
| 变形(T) | ▶ |
| 排列(A) | ▶ |
| 对齐(N) | ▶ |
| 分离(K) | Ctrl+B |
| 将元件分离为图层(Y) | Ctrl+Shift+B |
| 分散到图层(D) | Ctrl+Shift+D |
| 分布到关键帧(F) | Ctrl+Shift+K |
| 运动路径 | ▶ |
| 编辑元件 | Ctrl+E |
| 在当前位置编辑(E) | |
| 在新窗口中编辑 | |
| 编辑所选项 | |

图3-49          图3-50          图3-51

## 3.4.3 复制对象

Animate 2021中复制对象的基本方法主要有以下几种。

- 使用"选择工具"⯈选择要复制的对象，按住Alt键，鼠标指针的右下侧会出现"+"，将对象拖曳到另一个位置，如图3-52所示。
- 使用"任意变形工具"⯐选择要复制的对象，按住Alt键，鼠标指针的右下侧会出现"+"，将对象拖曳到另一个位置。

图3-52

- 选择要复制的对象，按Ctrl+C组合键复制对象，将鼠标指针移动到合适的位置并单击，按Ctrl+V组合键粘贴对象。
- 若要将动画某一帧中的内容粘贴到另一帧中的相同位置，只需选择要复制的对象，按Ctrl+C组合键复制对象，切换到动画的另一帧中，在空白处单击鼠标右键，在弹出的快捷菜单中执行"粘贴到当前位置"命令。

### 3.4.4　对齐对象

为了使创建的多个对象排列起来更加美观，Animate 2021提供了"对齐"面板和辅助线来帮助用户排列对象。

1. 使用"对齐"面板对齐对象

执行"窗口>对齐"菜单命令或按Ctrl+K组合键，可以打开图3-53所示"对齐"面板。该面板中各按钮的含义如下。

图3-53

- 左对齐▤：单击可使对象靠左端对齐。
- 水平中齐▤：单击可使对象沿垂直线居中对齐。
- 右对齐▤：单击可使对象靠右端对齐。
- 上对齐▥：单击可使对象靠上端对齐。
- 垂直中齐▥：单击可使对象沿水平线居中对齐。
- 底对齐▥：单击可使对象靠底端对齐。
- 顶部分布▤：单击可使每个对象的上端在垂直方向上间距相等。
- 垂直居中分布▤：单击可使每个对象的中心在水平方向上间距相等。
- 底部分布▤：单击可使每个对象的下端在水平方向上间距相等。
- 左侧分布▥：单击可使每个对象的左端在水平方向上左端间距相等。
- 水平居中分布▥：单击可使每个对象的中心在垂直方向上间距相等。
- 右侧分布▥：单击可使每个对象的右端在垂直方向上间距相等。
- 匹配宽度▤：单击可以所选对象中最长的宽度为基准，在水平方向上等尺寸变形。
- 匹配高度▥：单击可以所选对象中最长的高度为基准，在垂直方向上等尺寸变形。
- 匹配宽和高▤：单击可以所选对象中最长的宽度和高度为基准，在水平和垂直方向上同时等尺寸变形。
- 垂直平均间隔▤：单击可使各对象在垂直方向上间距相等。
- 水平平均间隔▥：单击可使各对象在水平方向上间距相等。
- 与舞台对齐：若勾选此复选框，则调整对象的位置时将以整个舞台为标准，使对象相对于舞台左对齐、右对齐或居中对齐；若取消勾选此复选框，则对象对齐时是以各对象的相对位置为标准的。

2. 通过辅助线对齐对象

辅助线可用于辅助对齐。移动对象时，对象的边缘会出现水平或垂直的虚线，该虚线自动与另一个对象的边缘对齐，以便确定对象的新位置。具体操作方法如下。

（1）将要对齐的对象放置到舞台中的任意位置，如图3-54所示。

（2）以第2个对象的顶点为基准，将这几个对象水平对齐。选择第1个对象，按住鼠标左键向上方拖曳，它的边缘会出现水平或垂直的虚线，标明其他对象的边界线，当其下方的虚线与第2个对象的顶点重合时释放鼠标，如图3-55所示。

（3）用同样的方法拖曳最后一个对象，即可得到最后的对齐效果，如图3-56所示。

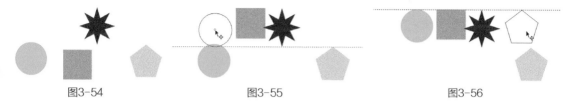

图3-54　　　　　　　　　图3-55　　　　　　　　　图3-56

# 3.5 对象的优化与编辑

## 3.5.1 优化对象

优化对象是指对对象中的曲线和填充轮廓加以改进，减少用于定义这些元素的曲线数量以平滑曲线，同时减小Animate文档（FLA文件）和导出的Animate动画（SWF文件）的大小。

选择要优化的对象，执行"修改>形状>优化"菜单命令，打开"优化曲线"对话框，设置"优化强度"，如图3-57所示。完成后单击"确定"按钮，弹出图3-58所示提示对话框，其中显示了当前的优化强度，单击"确定"按钮即可完成对对象的优化操作。

图3-57　　　　　　　　　　　　　图3-58

 提示　选择对象后，按Ctrl+Alt+Shift+C组合键能快速对对象进行优化。

## 3.5.2 将线条转换成填充

执行"修改>形状>将线条转换成填充"菜单命令，将选中的边框线条转换成填充区域，可以对线条做细致的造型并填色，还可避免在视图显示比例被缩小后线条出现锯齿，如图3-59所示。

原图　　　　　　线条状态　　　　　　填充状态

图3-59

### 3.5.3 扩展与收缩对象

执行"修改>形状>扩展填充"菜单命令，在打开的"扩展填充"对话框中设置对象的扩展距离与方向，对所选对象的外形进行加粗、细化处理，如图3-60所示。

- 距离：用于设置扩展宽度，以像素为单位。
- 扩展：以对象的轮廓为界，向外扩散、放大填充对象。
- 插入：以对象的轮廓为界，向内收紧、缩小填充对象。

图3-61所示为对象分别扩展10像素与插入10像素的效果对比。

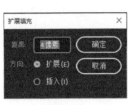

图3-60　　　　　　　扩展 10 像素　　　原图　　　插入 10 像素

图3-61

 **课堂案例3-3：　转换位图为矢量图**

>  案例位置　案例>CH03>转换位图为矢量图>转换位图为矢量图.fla
>
>  素材位置　素材>CH03>转换位图为矢量图>zhbj.jpg

**设计思路**

在Animate 2021中，可以将位图转换为矢量图，便于处理图像，满足动画制作的需求。本例就将一幅位图转换为矢量图，设计思路如下：导入图像，使用"转换位图为矢量图"菜单命令进行转换，并设置转换参数，然后保存文件。

**案例效果**

操作步骤

❶ 启动Animate 2021，新建一个空白文档，然后执行"修改>文档"菜单命令，打开"文档设置"对话框，在对话框中将"舞台大小"设置为352像素×540像素，如图3-62所示。

❷ 执行"文件>导入>导入到舞台"菜单命令，将图像导入舞台中，如图3-63所示。

图3-62           图3-63

❸ 选择导入的图像，执行"修改>位图>转换位图为矢量图"菜单命令，如图3-64所示。

❹ 在打开的"转换位图为矢量图"对话框中进行设置，如图3-65所示。

💡 提示    将位图转换成矢量图时，设置的"颜色阈值"越高，折角越多，获得的矢量图越清晰，文件越大；设置的"颜色阈值"越低，折角越少，获得的矢量图越模糊，文件越小。

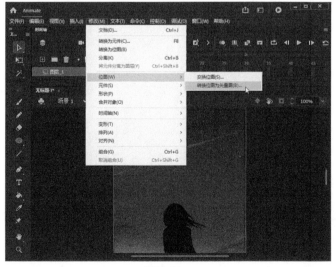

图3-64

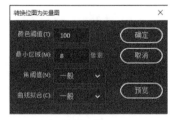

图3-65

❺ 单击"确定"按钮，即可将位图转换为矢量图，如图3-66所示。

❻ 保存文件，按Ctrl+Enter组合键，本例完成效果如图3-67所示。

图3-66

图3-67

提示

Animate 2021中的图形分为位图（又称点阵图或栅格图）和矢量图两大类。

### 1. 位图

位图是由计算机根据图像中每一点的信息生成的。要存储和显示位图，就需要对每一个点的信息进行处理，这样的点就是像素（例如，一幅200像素×300像素的位图就有60000个像素点，计算机要存储和处理这幅位图就需要记住6万个点的信息）。位图有色彩丰富的特点，一般用在对色彩丰富度或真实感要求比较高的场合。但位图的文件比矢量图的文件大得多，且位图在放大到一定程度时会出现明显的马赛克，一个马赛克实际上就是一个放大的像素点，如图3-68所示。

### 2. 矢量图

矢量图是由计算机计算矢量数据后生成的，它用包含颜色和位置属性的直线或曲线来描述图像。所以计算机在存储和显示矢量图时只需记录图形的边线位置和边线之间的颜色这两种信息。矢量图的特点是占用的存储空间非常小，且矢量图无论放大多少倍都不会出现马赛克，如图3-69所示。

图3-68

图3-69

## 3.6 知识拓展

Animate 2021的工具箱里有两个用于处理3D变形的工具："3D旋转工具" ◈和"3D平移工具" ⊹。需要注意的是，这两个工具只能对影片剪辑元件起作用，关于影片剪辑元件的知识会在后续章节中详细介绍。

### 1. 3D旋转工具

下面介绍"3D旋转工具" ◈的使用方法。

执行"文件>导入>导入到舞台"菜单命令，将一幅图像导入舞台中，选择图像，按F8键，弹出"转换为元件"对话框。在"类型"下拉列表中选择"影片剪辑"选项，单击"确定"按钮，如图3-70所示。

图3-70

在工具箱中选择"3D旋转工具" ◈，这时在图像中央会出现一个类似瞄准镜的图形，十字的外围是两个圆圈，并且它们的颜色不同，如图3-71所示。当将鼠标指针移动到红色的中心垂直线时，鼠标指针右下角会出现一个"X"，按住鼠标左键拖曳，效果如图3-72所示。

当将鼠标指针移动到绿色水平线上时，鼠标指针右下角会出现一个"Y"，按住鼠标左键拖曳，效果如图3-73所示。

图3-71

图3-72

图3-73

当将鼠标指针移动到蓝色圆圈上时，鼠标指针右下角会出现一个"z"，按住鼠标左键拖曳，效果如图3-74所示。

当将鼠标指针移动到橙色圆圈上时，可以对图像沿$x$轴、$y$轴、$z$轴进行综合调整，如图3-75所示。

图3-74

图3-75

在"属性"面板的"3D定位和视图"栏中可以对图像的$x$轴、$y$轴、$z$轴数值进行精细的调整，如图3-76所示。

图3-76

### 2. 3D平移工具

下面介绍"3D平移工具" 的使用方法。

执行"文件>导入>导入到舞台"菜单命令，将一幅图像导入舞台中，选择图像，按F8键，弹出"转换为元件"对话框，在"类型"下拉列表中选择"影片剪辑"选项，单击"确定"按钮。

在工具箱中选择"3D平移工具" ，这时在图像中央会出现一个坐标轴，绿色的为$y$轴，可以纵向调整图形，按住鼠标左键拖曳，效果如图3-77所示。

红色的为$x$轴，可以横向调整图形，按住鼠标左键拖曳，效果如图3-78所示。

当将鼠标指针移动到中间的黑色圆点上时，鼠标指针右下角会出现一个"$z$"，表示可以沿$z$轴调整图形，按住鼠标左键拖曳，效果如图3-79所示。

图3-77

图3-78

图3-79

## 3.7 课堂练习：打扫卫生的小女孩

| 案例位置 | 案例>CH03>打扫卫生的小女孩>打扫卫生的小女孩.fla |
| --- | --- |
| 素材位置 | 素材>CH03>打扫卫生的小女孩>nvhai.jpg、wsbj.jpg |

在制作动画的过程中，大多数导入的位图图片有白色的背景，将其放在场景中，就会出

现白色的底色，如何去除白色的底色呢？可以先将位图分离，然后使用"魔术棒" ✎ 去除底色。应用本章介绍的知识，创建一个小女孩打扫卫生的动画，完成效果如图3-80所示。

图3-80

（1）启动Animate 2021，新建一个空白文档，执行"修改>文档"菜单命令，打开"文档设置"对话框，在对话框中将"舞台大小"设置为560像素×500像素，如图3-81所示。

（2）执行"文件>导入>导入到舞台"菜单命令，将背景图像导入舞台中，如图3-82所示。

（3）执行"文件>导入>导入到舞台"菜单命令，将小女孩图像导入舞台中，如图3-83所示。可以看到导入的图像有白色的底色，与背景格格不入。

图3-81

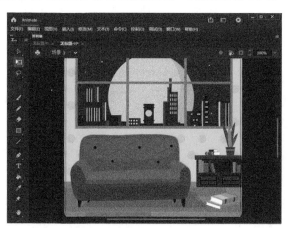
图3-82

（4）选择导入的小女孩图像，执行"修改>分离"菜单命令，将其分离，如图3-84所示。

图3-83

图3-84

提示

这里将图像分离是为了方便将图像的白色底色去除，因为没有分离的位图是不能去除底色的。

（5）在工具箱中选择"魔术棒" ✎，打开"属性"面板，在"阈值"文本框中输入"15"，在"平滑"下拉列表中选择"平滑"选项，如图3-85所示。

图3-85

（6）单击小女孩图像中的白色部分，按Delete键将其删除，如图3-86所示。

（7）保存文件，按Ctrl+Enter组合键，本例完成效果如图3-87所示。

图3-86

图3-87

  课后练习：杠铃

  案例位置    案例>CH03>杠铃>杠铃.fla

  视频位置    视频>CH03>杠铃.mp4

本例综合使用各种绘图工具和"颜料桶工具" ![icon]、"任意变形工具" ![icon]来制作杠铃，完成效果如图3-88所示。

图3-88

# 时间轴、帧与图层

时间轴、帧与图层是动画制作的基础，在大多数复杂动画的制作中，时间轴、帧与图层的使用是至关重要的。希望读者通过学习本章的内容，能了解帧的类型、掌握帧与图层的编辑方法。

# 4.1 时间轴与帧

Animate动画的制作原理与电影、电视剧一样，都是利用视觉原理，用一定的速度播放一张张内容连贯的图片，从而形成动画。在Animate 2021中，"时间轴"面板是创建动画的基本面板，而帧标尺中的每一个方格为一帧，帧是 Animate 2021中计算动画时间的基本单位。

## 4.1.1 时间轴

"时间轴"面板位于工具栏的下面，用户也可以根据使用习惯将其拖曳到舞台中的任意位置，成为浮动面板。如果"时间轴"面板目前不可见，则可以执行"窗口>时间轴"菜单命令或按Ctrl+Alt+T组合键将其显示出来，如图4-1所示。

帧频　当前帧数　帧标尺

图层　　　　播放指针

图4-1

- 图层：图层可以被看作叠放在一起的透明的胶片，如果图层上没有任何东西，就可以透过它直接看到下一图层。所以可以根据需要在不同图层上编辑不同的动画，这些动画互不影响，在放映时可以得到合成的效果。
- 播放指针：播放指针指示当前在舞台中显示的帧。
- 帧标尺：帧标尺上显示帧数，通常5帧一格。
- 当前帧数：当前帧数显示当前选择的帧数。
- 帧频：帧频用每秒帧数（fps）来度量，表示每秒播放多少帧。它决定了动画的播放速度。

所有的图层都排列在"时间轴"面板的左侧，每一个图层排一行，每一个图层都由帧组成。时间轴的状态显示在"时间轴"面板的上部，包括"当前帧数"和"帧频"。需要注意的是，当动画播放的时候，实际显示的帧频与设定的帧频不一定相同，这与计算机的性能有关。

## 4.1.2 帧

动画实际上是一系列静止的画面，它利用人眼看运动物体时会产生视觉暂留的原理，通过连续播放对人造成的一种动画效果。Animate动画都是通过对帧进行编辑来制作的。

1. 帧的类型

在Animate 2021中设置不同的帧，会以不同的图标来显示。下面介绍帧的类型及其对应的图标和用法。

- 空白帧：空白帧中不包含任何对象（如图形、声音和影片剪辑元件等），相当于一张空白的图片，什么内容都没有，如图4-2所示。
- 关键帧：关键帧中的内容是可编辑的，黑色实心圆点表示关键帧，如图4-3所示。

图4-2　　　　　　　　　　　　　　　　　　图4-3

- 空白关键帧：空白关键帧与关键帧的性质完全相同，也不包含任何内容，唯一的区别是它是一个关键帧，空心圆形表示空白关键帧。当新建一个图层时，会自动新建一个空白关键帧，如图4-4所示。

- 普通帧：普通帧一般是为了延长影片播放的时间而添加的，如图4-5所示。

图4-4　　　　　　　　　　　　　　图4-5

- 动作渐变帧：在两个关键帧之间创建动作渐变后，中间的过渡帧即为动作渐变帧，它们用紫色填充并用箭头连接，表示物体动作渐变的动画，如图4-6所示。
- 形状渐变帧：在两个关键帧之间创建形状渐变后，中间的过渡帧即为形状渐变帧，它们用棕色填充并用箭头连接，表示物体形状渐变的动画，如图4-7所示。

图4-6　　　　　　　　　　　　　　图4-7

- 不可渐变帧：在两个关键帧之间创建动作渐变或形状渐变不成功，中间的帧即为不可渐变帧，它们用紫色填充并用虚线连接，或用棕色填充并用虚线连接，如图4-8所示。
- 动作帧：为关键帧或空白关键帧添加脚本后，帧上出现字母"α"，表示该帧为动作帧，如图4-9所示。

图4-8　　　　　　　　　　　　　　图4-9

- 标签帧：以一面红色的小旗子为起始符，后面标有文字，表示帧的标签，也可以将其理解为帧的名字，如图4-10所示。
- 注释帧：以绿色双斜杠为起始符，后面标有文字，表示帧的注释，如图4-11所示。在制作多帧动画时，为了避免混淆，可以在帧中添加注释。

图4-10　　　　　　　　　　　　　　图4-11

### 2. 帧的模式

在"时间轴"面板的右上角有一个▤按钮，如图4-12所示。单击此按钮，将展开图4-13所示下拉列表，通过此下拉列表可以设置控制区中帧的显示状态。

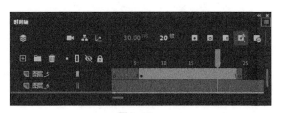

图4-12

图4-13

- 标准：使"时间轴"面板中的帧以默认宽度显示，如图4-14所示。
- 预览：在帧中模糊地显示场景中的图案，如图4-15所示。
- 关联预览：在关键帧处显示模糊的图案，其与"预览"的不同之处在于会将全部范围的场景都显示在帧中，如图4-16所示。
- 较短：为了显示更多的图层，使帧的高度减小，如图4-17所示。

图4-14

图4-15

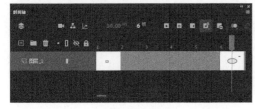

图4-16

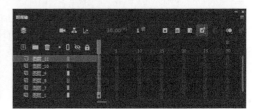

图4-17

- 中：使帧以适中的方式显示，如图4-18所示。
- 高：使帧以最高的方式显示，如图4-19所示。

图4-18

图4-19

- 时间轴控件-底部：将"时间轴"面板中的控件在底部显示，如图4-20所示。
- 匹配FPS：使帧频与设置的帧频匹配。
- 基于整体范围的选择：选择此选项后，在单击一个关键帧与下一个关键帧之间的任何帧时，整个帧序列都将被选中，如图4-21所示。
- 自定义时间轴工具：选择此选项后，可在弹出的面板中选择要显示在"时间轴"面板中的工具，如图4-22所示。

图4-20

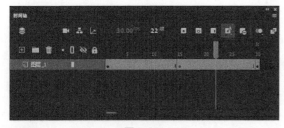

图4-21

图4-22

## 4.2 编辑帧

帧的编辑操作是制作Animate动画的基础，下面介绍帧的编辑操作。

## 4.2.1 移动播放指针

播放指针用来指定当前舞台显示内容所在的帧。在创建了动画的"时间轴"面板中，随着播放指针的移动，舞台中的内容也会发生变化。当播放指针分别在第1帧和第40帧时，舞台中的动画元素分别如图4-23左右两图所示。

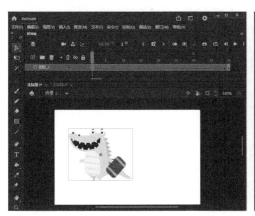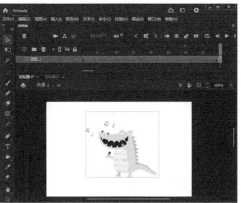

图4-23

 播放指针的移动并不是无限的，当移动到定义的最后一帧时，便不能再拖曳播放指针，即播放指针无法到达没有进行定义的帧。

## 4.2.2 插入帧

将鼠标指针移动到需要插入帧的位置，单击鼠标右键，在弹出的快捷菜单中执行"插入帧"命令，或按F5键，即可在该位置插入过渡帧，其功能是延长关键帧的时间，如图4-24所示。

图4-24

## 4.2.3 插入关键帧

将鼠标指针移动到需要插入关键帧的位置，单击鼠标右键，在弹出的快捷菜单中执行"插入关键帧"命令，或按F6键，即可在该位置插入关键帧，如图4-25所示。

图4-25

## 4.2.4 插入空白关键帧

将鼠标指针移动到需要插入空白关键帧的位置，单击鼠标右键，在弹出的快捷菜单中执行"插入空白关键帧"命令，或按F7键，即可在该位置创建空白关键帧，其作用是将关键帧的时间延长至指定位置，如图4-26所示。

图4-26

**课堂案例4-1：** 小男孩

| | |
|---|---|
| 案例位置 | 案例>CH04>小男孩>小男孩.fla |
| 素材位置 | 素材>CH04>小男孩> bj.jpg、xnh.png |

### 设计思路

本例制作一个小男孩眨眼睛的动画，设计思路如下：导入背景图像，新建图层，导入小男孩图像，并使用绘图工具绘制小男孩眼睛睁开的形状，插入空白关键帧和关键帧，使用绘图工具绘制小男孩眼睛闭上的形状，使睁眼与闭眼的动作自然、有序地执行，然后保存文件。

### 案例效果

### 操作步骤

❶启动Animate 2021，新建一个空白文档，执行"修改>文档"菜单命令，打开"文档设置"

对话框。在对话框中将"舞台大小"设置为378像素×575像素,"帧频"设置为12,如图4-27所示。

❷执行"文件>导入>导入到舞台"菜单命令,将背景图像导入舞台中,如图4-28所示。

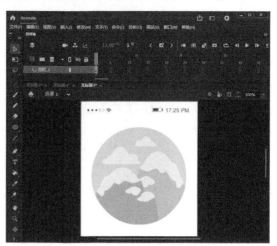

图4-27　　　　　　　　　　　　　　　　图4-28

❸单击"时间轴"面板中的"新建图层"按钮➕,新建"图层_2",将小男孩图像导入舞台中,如图4-29所示。

❹在"时间轴"面板中单击"新建图层"按钮➕,新建"图层_3",然后使用"铅笔工具"✏和"椭圆工具"⬤在第1帧处绘制小男孩的眉毛和眼睛,如图4-30所示。

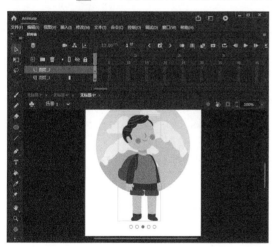

图4-29　　　　　　　　　　　　　　　　图4-30

❺分别在"图层_1""图层_2""图层_3"的第14帧处按F5键,插入帧,然后新建"图层_4",如图4-31所示。

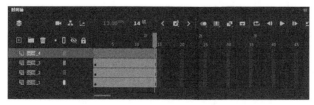

图4-31

❻在"图层_3"的第8帧处按F7键,插入空白关键帧。在"图层_4"的第8帧处按F6键,插入关

键帧，在该帧处使用"铅笔工具"  绘制小男孩双眼闭上的形状，如图4-32所示。

图4-32

⑦执行"文件>保存"菜单命令，打开"另存为"对话框，在"文件名"文本框中输入动画的名称，如图4-33所示。

⑧保存文件，按Ctrl+Enter组合键，本例完成效果如图4-34所示。

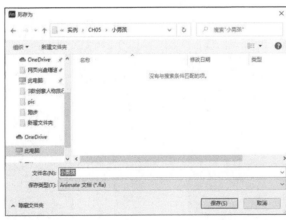

图4-33

图4-34

## 4.2.5 选择帧

对帧的选择可分为对单个帧的选择和对多个帧的选择。

对单个帧的选择有以下几种方法。

- 单击要选择的帧。
- 选择帧在舞台中的内容即可选择该帧。
- 若某图层只有一个关键帧，则可以通过单击图层名来选择该帧。被选中的帧显示为蓝色，如图4-35所示。

对多个帧的选择有以下几种方法。

- 在要选择的多个帧的起始帧或结束帧处按住鼠标左键拖曳到要选择的多个帧的另一端，从而选择多个连续的帧。

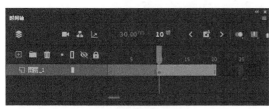

- 在要选择的多个帧的起始帧或结束帧处按住Shift键单击要选择的多个帧的另一端，从而选择多个连续的帧。
- 单击图层，可以选择该图层所有定义了的帧，如图4-36所示。

图4-35　　　　　　　　　　　　　图4-36

## 4.2.6　删除帧

在时间轴上选择需要删除的一帧或多帧，然后单击鼠标右键，在弹出的快捷菜单中执行"删除帧"命令，即可删除选择的帧。若删除的是连续帧中间的某一帧或几帧，后面的帧会自动提前填补空位。在时间轴上，两个帧之间不能有空缺。如果要使两个帧之间不出现任何内容，可以使用空白关键帧，如图4-37所示。

图4-37

## 4.2.7　剪切帧

在时间轴上选择需要剪切的一帧或多帧，然后单击鼠标右键，在弹出的快捷菜单中执行"剪切帧"命令，即可剪切掉选择的帧，被剪切后的帧保存在剪切板中，可以在需要时重新使用，如图4-38所示。

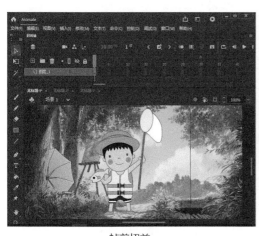

帧剪切前

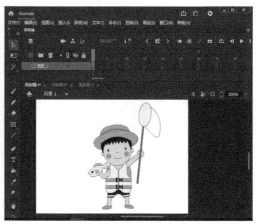

帧剪切后

图4-38

## 4.2.8　复制帧

在时间轴上选择需要复制的一帧或多帧，然后单击鼠标右键，在弹出的快捷菜单中执行"复制帧"命令,即可复制选择的帧,如图4-39所示。

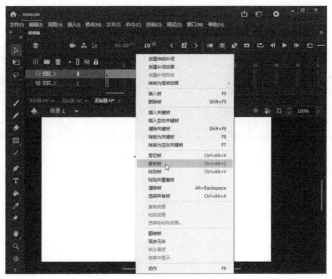

图4-39

## 4.2.9 粘贴帧

将鼠标指针移动到时间轴上需要粘贴帧的位置,单击鼠标右键,在弹出的快捷菜单中执行"粘贴帧"命令,即可将复制的或者剪切的帧粘贴到当前位置,如图4-40所示。

在时间轴上选择一个或者多个帧后,按住Alt键拖曳选择的帧到指定的位置,也可以把选择的帧复制并粘贴到指定位置。

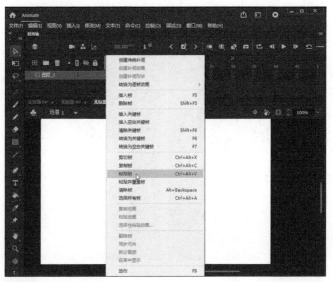

图4-40

## 4.2.10 移动帧

在Animate 2021中可以将已经存在的帧和帧序列移动到新的位置,以便对时间轴上的帧进行调整和重新分配。

　　如果要移动单个帧，可以先选择此帧，然后按住鼠标左键拖曳。可以在本图层的时间轴上拖曳该帧，也可以将该帧拖曳到其他时间轴上的任意位置。

　　如果要移动多帧，选择要移动的所有帧后，按住鼠标左键将其拖曳到新的位置后释放鼠标即可。

## 4.2.11　翻转帧

　　使用翻转帧功能可以使选择的一组帧按照顺序翻转过来，使最后一帧变为第一帧、第一帧变为最后一帧，反向播放动画。其方法是在时间轴上选择需要翻转的一组帧，然后单击鼠标右键，在弹出的快捷菜单中执行"翻转帧"命令，即可完成翻转帧的操作，如图4-41所示。

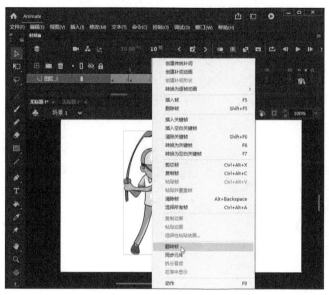

图4-41

### 课堂案例4-2：　做早操

| | |
|---|---|
| 案例位置 | 案例>CH04>做早操>做早操.fla |
| 素材位置 | 素材>CH04>做早操> bj.jpg、t1.png、t2.png |

### 设计思路

　　本例制作一个小男孩做早操的动画，设计思路如下：导入背景图像，新建图层，导入小男孩图像，复制帧、粘贴帧、翻转帧，然后保存文件。

操作步骤

❶ 启动Animate 2021，新建一个空白文档，执行"修改>文档"菜单命令，打开"文档设置"对话框，在对话框中将"舞台大小"设置为640像素×500像素，"帧频"设置为12，如图4-42所示。

❷ 执行"文件>导入>导入到舞台"菜单命令，将背景图像导入舞台中，如图4-43所示。

图4-42

图4-43

❸ 在"时间轴"面板中单击"新建图层"按钮 ➕，新建"图层_2"，然后在"图层_2"的第4帧处按F7键，插入空白关键帧，分别在"图层_1""图层_2"的第10帧处按F5键，插入帧，如图4-44所示。

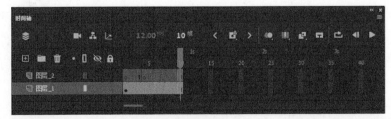

图4-44

❹ 选择"图层_2"的第1帧，将男孩图像导入舞台中，如图4-45所示。

❺ 选择"图层_2"的第4帧，将另一幅男孩图像导入舞台中，如图4-46所示。

图4-45　　　　　　　　　　　　　图4-46

❻选择"图层_2"的第1～第4帧，单击鼠标右键，在弹出的快捷菜单中执行"复制帧"命令，如图4-47所示。

❼选择"图层_2"的第5帧，单击鼠标右键，在弹出的快捷菜单中执行"粘贴帧"命令，如图4-48所示。

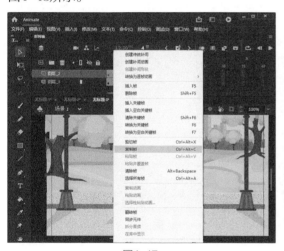

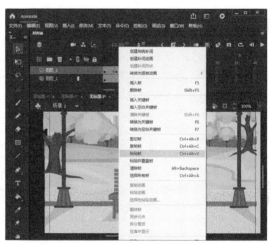

图4-47　　　　　　　　　　　　　图4-48

❽选择"图层_2"上粘贴的帧，单击鼠标右键，在弹出的快捷菜单中执行"翻转帧"命令，如图4-49所示。

❾保存文件，按Ctrl+Enter组合键，本例完成效果如图4-50所示。

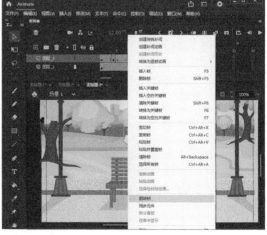

图4-49

图4-50

# 4.3 图层

Animate 2021中的图层和Photoshop中的图层的作用相同，都是为了方便对象的编辑。在Animate 2021中，可以将图层看作重叠在一起的许多透明的胶片，当图层上没有任何对象的时候，可以透过上层图层看下层图层上的内容，在不同的图层上可以编辑不同的元素。

新建文档后，系统自动生成一个图层，名为"图层_1"。随着制作过程的进行，图层也会增多。需要注意的是，并不是图层越少，动画就越简单，但图层越多，动画一定越复杂。另外，Animate 2021还提供了两种特殊的图层：引导层和遮罩层。利用它们可以制作出丰富多彩的动画效果。

Animate动画中图层的数量并没有限制，增加图层的数量也不会增加最终输出动画文件的大小，但其会受计算机内存大小的制约。可以在不影响其他图层的情况下，在一个图层上绘制和编辑对象。

对图层的操作是在图层控制区中进行的。图层控制区是"时间轴"面板左边的部分，如图4-51所示。在图层控制区中，可以进行增加图层、删除图层、隐藏图层及锁定图层等操作。

图4-51

在Animate 2021中，图层的类型主要有普通层、引导层和遮罩层3种。下面分别介绍。

## 4.3.1 普通层

系统默认的图层是普通层。新建文档后，默认新建一个名为"图层_1"的图层。该图层自带一个空白关键帧，即"图层_1"的第1帧，并且该图层初始状态为激活状态，如图4-52所示。

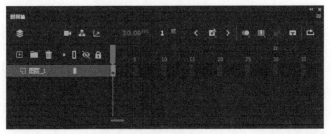

图4-52

## 4.3.2 引导层

引导层的图标为 ，它下面的图层中的对象被它引导。选择要作为引导层的图层，单击鼠标右键，在弹出的快捷菜单中执行"添加传统运动引导层"命令，如图4-53所示。引导层中的所有内容只在制作动画时作为参考，并不出现在动画的最终效果中（关于引导层动画的创建，将在第5章中详细介绍）。如果引导层中没有被它引导的对象，则它的图标会由 变为 。

图4-53

## 4.3.3 遮罩层

遮罩层的图标为 ，被遮罩层的图标为 。如图4-54所示，"图层_1"是遮罩层，"图层_2"是被遮罩层。在遮罩层中创建的对象具有透明效果，如果遮罩层中的某一位置有对象，那么被遮罩层中相同位置的内容将显露出来，被遮罩层的其他部分则被遮住（关于遮罩层动画的创建，将在第5章中详细介绍）。

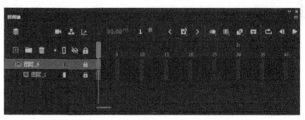

图4-54

## 4.4 图层的编辑

前面对图层进行了大致的介绍，下面介绍编辑图层和设置图层属性等操作。

## 4.4.1 新建图层

新建一个文档时，Animate 2021会自动创建一个图层，名为"图层_1"。此后，如果需要添加新的图层，可以采用以下3种方法。

### 1. 利用菜单命令

在"时间轴"面板的图层控制区选择一个图层，执行"插入>时间轴>图层"菜单命令，即可创建一个图层，如图4-55所示。

### 2. 利用快捷菜单

在"时间轴"面板的图层控制区选择一个图层，单击鼠标右键，在弹出的快捷菜单中执行"插入图层"命令，即可创建一个图层，如图4-56所示。

### 3. 使用新建按钮

单击"时间轴"面板中图层控制区左上方的"新建图层"按钮，也可以新建一个图层。

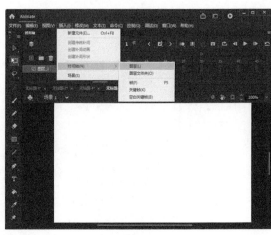

图4-55

新建一个图层后，系统会自动为该图层命名，并且新建的图层都位于被选中图层的上层，如图4-57所示。

图4-56

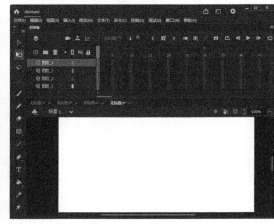

图4-57

## 4.4.2　重命名图层

在Animate 2021中创建的所有图层，如"图层_1""图层_2"等，其名称都是系统默认的图层名称，通常为"图层_数字"。每创建一个图层，图层名称的数字就在递增。当"时间轴"面板中的图层越来越多时，要查找某个图层就变得烦琐起来。为了便于识别各图层的内容，需要改变图层的名称，即重命名图层。重命名图层的唯一原则就是能让人通过名称快速识别要查找的图层。这里需要注意的一点是，帧动作脚本一般放在专门的图层中，以免引起误操作。为了让大家看懂脚本，下面将放置动作脚本的图层命名为AS，即ActionScript的缩写。

使用下列方法可以重命名图层。

- 双击要重命名的图层名称，图层名称进入可编辑状态，此时可在文本框中输入新名称，如图4-58所示。
- 双击要重命名的图层图标，或在要重命名的图层上单击鼠标右键，在弹出的快捷菜单中执行"属性"命令，打开"图层属性"对话框，在"名称"文本框中输入新的名称，单击"确定"按钮，如图4-59所示。

图4-58　　　　　　　　　　　　　　　　　　　图4-59

### 4.4.3 调整图层的顺序

在编辑动画时，建立的图层顺序有时无法获得预期的效果，就需要对图层的顺序进行调整。其操作步骤如下。

（1）选择需要移动的图层。

（2）按住鼠标左键，此时图层以一条粗横线表示，如图4-60所示。

（3）拖曳图层到需要放置的位置，释放鼠标，如图4-61所示。

 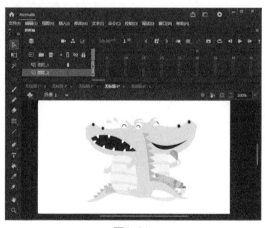

图4-60　　　　　　　　　　　　　　　　　　图4-61

### 4.4.4 设置图层属性

图层的显示、锁定、轮廓颜色等设置都可在"图层属性"对话框中编辑。选择图层，单击鼠标右键，在弹出的快捷菜单中执行"属性"命令，打开"图层属性"对话框，如图4-62所示。

- 名称：用于设置图层的名称。
- 锁定：用于设置图层的锁定与解锁。勾选"锁定"复选框，图层处于锁定状态；反之，图层处于解锁状态。
- 可见性：用于设置图层是否可见与不透明度。
- 类型：用于指定图层的类型，其中包括5个单选项。
  - ◆ 一般：可指定当前图层为普通图层。
  - ◆ 遮罩层：将当前图层设置为遮罩层，用户可以将多个正常图层链接到一个遮罩层上，遮罩层前会出现█图标。

♦ 被遮罩：该图层是正常图层，只是与遮罩层存在链接关系，并且图层前会出现█图标。

♦ 文件夹：将正常图层转换为图层文件夹，可以用于管理其下的图层。

♦ 引导层：将该图层设置为辅助绘图用的引导层，用户可以将多个标准图层链接到一个引导层上。

- 轮廓颜色：用于设置该图层对象的轮廓颜色。为不同的图层设置不同的轮廓颜色，有助于用户区分不同的图层。在"时间轴"面板中，轮廓颜色显示区如图4-63所示。

- 将图层视为轮廓：勾选该复选框即可使该图层内的对象以线框模式显示，其线框颜色为在"图层属性"对话框中设置的"轮廓颜色"；若要取消图层的线框模式，可直接单击"时间轴"面板中的"将所有图层显示为轮廓"按钮█；如果要让某个图层以轮廓方式显示，可单击图层上对应的色块。

图4-62

- 图层高度：从下拉列表中选择不同的值可以调整图层的高度，这在处理插入了声音的图层时很实用，下拉列表中有"100%""200%""300%"3个选项。将"图层2"的高度设置为300%后，效果如图4-64所示。

图4-63　　　　　　　　　　　　　　　　图4-64

 提示　双击图层的图标也可以打开"图层属性"对话框。

## 4.4.5　选择图层

选择图层操作包括选择单个图层、选择相邻图层和选择不相邻图层3种。

### 1. 选择单个图层

选择单个图层的方法有以下3种。

- 在图层控制区中单击需要编辑的图层。
- 单击时间轴中需要编辑图层的任意一帧。
- 在舞台中选择要编辑的对象，可选择该对象所在图层。

### 2. 选择相邻图层

选择相邻图层的操作步骤如下。

（1）单击要选择的第一个图层。

（2）按住Shift键单击要选择的最后一个图层，即可选择两个图层之间的所有图层，如图4-65所示。

### 3. 选择不相邻图层

选择不相邻图层的操作步骤如下。

（1）单击要选择的图层。

（2）按住Ctrl键单击需要选择的其他不相邻图层，即可选择不相邻图层，如图4-66所示。

图4-65 图4-66

### 4.4.6 删除图层

删除图层的方法包括拖曳法删除图层、利用按钮删除图层和利用快捷菜单删除图层3种。

**1. 拖曳法删除图层**

拖曳法删除图层的操作步骤如下。

（1）选择要删除的图层。

（2）按住鼠标左键，将要删除的图层拖曳到"删除"按钮🗑上，释放鼠标即可将其删除。被删除图层下一层的图层将变为当前图层。

**2. 利用按钮删除图层**

利用"删除"按钮🗑删除图层的操作步骤如下。

（1）选择要删除的图层。

（2）单击"删除"按钮🗑，即可把选择的图层删除。

**3. 利用快捷菜单删除图层**

利用快捷菜单删除图层的操作步骤如下。

（1）选择要删除的图层。

（2）单击鼠标右键，在弹出的快捷菜单中执行"删除图层"命令，即可删除该图层。

### 4.4.7 复制图层

将某一图层的所有帧粘贴到另一图层中的操作步骤如下。

（1）选择要复制的图层。

（2）执行"编辑>时间轴>复制帧"菜单命令，或者将鼠标指针移动到需要复制的帧上，单击鼠标右键，在弹出的快捷菜单中执行"复制帧"命令，如图4-67所示。

（3）选择要粘贴帧的图层，执行"编辑>时间轴>粘贴帧"菜单命令，或者将鼠标指针移动到需要粘贴帧的位置，单击鼠标右键，在弹出的快捷菜单中执行"粘贴帧"命令，如图4-68所示。

图4-67 图4-68

### 4.4.8 分散到图层

在 Animate 2021中，将一个图层中的多个对象分散到多个图层，可使操作变得简单而有序。选择要分散的多个对象，执行"修改>时间轴>分散到图层"菜单命令，即可将这些对象分散到多个图层，如图4-69所示。

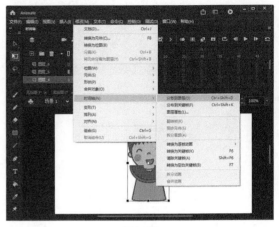

图4-69

### 4.4.9 隐藏图层

在编辑对象时，为了防止影响其他图层，可将图层隐藏，处于隐藏状态的图层不能进行编辑。隐藏图层的方法有以下两种。

- 单击图层控制区中的"显示或隐藏所有图层"图标 👁，再单击下方要隐藏图层右侧 👁图标，当 👁图标被点亮，变成 👁图标时，该图层就处于隐藏状态。若要显示图层，再次单击 👁图标即可。
- 单击图层控制区中的"显示或隐藏所有图层"图标 👁，则图层控制区中的所有图层都被隐藏，如图4-70所示。若要显示所有图层，可以再次单击 👁图标。

隐藏图层后，舞台中该图层上的对象也会随之被隐藏。如果隐藏图层文件夹，则文件夹里的所有图层都会自动隐藏。

图4-70

### 4.4.10 锁定和解锁图层

在编辑对象时，若要使其他图层上的对象正常显示在舞台中，又要防止不小心修改到其他的对象，则可以将该图层锁定。若要编辑锁定的图层，则要先将图层解锁。

单击锁定图标 🔒，再单击下方要锁定的图层右侧的 🔒图标，当 🔒图标被点亮，变成 🔒图标时，表示该图层已被锁定，再次单击 🔒图标即可解锁。

## 4.5 知识拓展

在Animate 2021中，可以创建图层文件夹，所有的图层都可以被放入图层文件夹中，方便用户管理。

#### 1. 将图层放入图层文件夹

将图层放入图层文件夹的操作步骤如下。

（1）单击图层控制区左上方的"新建文件夹"按钮，即可在当前图层上建立一个图层文件夹，如图4-71所示。

（2）选中要放入图层文件夹的所有图层，将其拖曳到图层文件夹中即可，如图4-72所示。

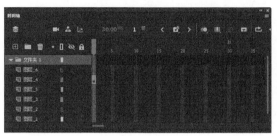

图4-71 图4-72

当图层文件夹过多时，可以为图层文件夹添加一个上级文件夹，它们的关系就像Windows操作系统中的目录和子目录的关系，文件夹的层数没有限制，如图4-73所示。

#### 2. 将图层文件夹中的图层取出

将图层文件夹中的图层取出的操作步骤如下。

（1）在图层控制区中选择要取出的图层。

（2）按住鼠标左键将图层拖曳到图层文件夹上方，释放鼠标，即可将图层从图层文件夹中取出，如图4-74所示。

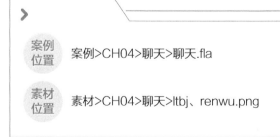

图4-73 图4-74

## 课堂练习：聊天

| 案例<br>位置 | 案例>CH04>聊天>聊天.fla |
| --- | --- |
| 素材<br>位置 | 素材>CH04>聊天>ltbj、renwu.png |

应用本章介绍的知识制作一个男子对着电话聊天的动画，完成效果如图4-75所示。

图4-75

（1）启动Animate 2021，新建一个空白文档，执行"修改>文档"菜单命令，打开"文档设置"对话框，在对话框中将"舞台大小"设置为640像素×550像素，"帧频"设置为12，如图4-76所示。

（2）执行"文件>导入>导入到舞台"菜单命令，将背景图像导入舞台中，如图4-77所示。

图4-76

图4-77

（3）单击"时间轴"面板中的"新建图层"按钮⊞，新建"图层_2"，将男子图像导入舞台中，如图4-78所示。

（4）在"时间轴"面板中单击"新建图层"按钮⊞，新建"图层_3"，使用"椭圆工具" ⬭ 和"选择工具" ⬛ 在第1帧处绘制和调整男子的嘴，如图4-79所示。

图4-78

图4-79

Animate动画制作案例教程（全彩微课版）

（5）分别在"图层_1""图层_2""图层_3"的第14帧处按F5键，插入帧，然后新建"图层_4"，如图4-80所示。

（6）在"图层_3"的第8帧处按F7键，插入空白关键帧；然后在"图层_4"的第8帧处按F6键，插入关键帧，在该帧处使用"椭圆工具"  和"选择工具" 绘制和调整男子的嘴，如图4-81所示。

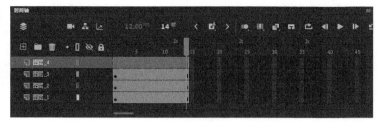

图4-80

图4-81

（7）保存文件，按Ctrl+Enter组合键，本例完成效果如图4-82所示。

图4-82

## 4.7 课后练习：蚂蚁跳舞

| 案例位置 | 案例>CH04>蚂蚁跳舞>蚂蚁跳舞.fla |
| --- | --- |
| 素材位置 | 素材>CH04>蚂蚁跳舞>bj.jpg、1.png、2.png |

应用本章介绍的知识制作蚂蚁跳舞动画，完成效果如图4-83所示。

图4-83

# 第 5 章　动画

本章将介绍Animate动画的基本类型和在Animate 2021中创建各类型动画的方法。动画表现的内容可以是对象从一个地方到另一个地方的运动，也可以是颜色在一段时间内的变化，还可以是一种变体，即从一种形状变化到另一种形状。在Animate 2021中，更改连续帧的内容就可以创建动画。

# 5.1 Animate动画的基本类型

Animate动画的基本类型包括以下5种。

第1种：逐帧动画，如图5-1所示。逐帧动画是指依次在每一个关键帧上安排图形或元件而形成的动画。它由多个关键帧组成，通常用于表现其他类型动画无法实现的效果，如物体旋转、人物或动物的转身等。逐帧动画的特点是效果流畅、细腻，但是由于每一帧都需要编辑，因此工作量比较大，而且会占用较多的内存。

第2种：动作补间动画，如图5-2所示。动作补间动画是根据对象在两个关键帧中的位置、大小、旋转角度、倾斜程度和不透明度等的变化而生成的动画，一般用于表现对象的移动、旋转、放大、缩小、出现和隐藏等变化。

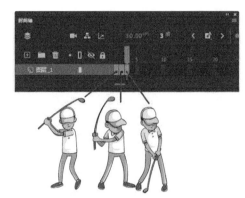

图5-1

图5-2

第3种：形状补间动画，如图5-3所示。形状补间动画是指矢量图形之间或线条之间互相转化而形成的动画。形状补间动画的对象只能是矢量图形或线条，不能是组或元件。这种动画通常用于表现图形之间的互相转化。

图5-3

第4种：引导动画，如图5-4所示。引导动画是指使用运动引导层控制元件的运动而形成的动画。

第5种：遮罩动画，如图5-5所示。遮罩动画是指使用遮罩层而形成的一种动画。遮罩动画的原理是被遮盖的对象能看到，没被遮盖的反而看不到。遮罩效果在Animate动画中的使用频率很高，常能实现一些令人意想不到的效果。

图5-4                    图5-5

# 5.2 逐帧动画

逐帧动画技术利用视觉暂留原理，快速地播放连续的、具有细微差别的图像，使原来静止的图形运动起来。人眼看到的图像大约可以在视网膜上暂存0.1~0.4秒，如果在暂存的影像消失之前看到另一张有细微差异的图像，并且后面的图像也在相同的极短时间间隔后出现，那么人眼看到的将是连续的影像。电影的拍摄和播放速度为每秒24帧画面，每一帧画面停留的时间比视觉暂存的0.1~0.4秒短，因此人眼看到的活动的画面实际上只是一系列静止的图像。

要创建逐帧动画，需要将每一帧都定义为关键帧，然后给每一帧创建不同的图像。制作逐帧动画的基本思想是把一系列相差甚微的图形或文字放置在一系列的关键帧中，播放起来就像一系列连续变化的动画。其最大的不足就是制作过程较为复杂，尤其在制作大型动画的时候，制作效率是非常低的，在每一帧中都需要调整图形或文字，工作量会比制作渐变动画的大。但是，逐帧动画的每一帧都是独立的，它可以创建出许多依靠渐变功能无法实现的动画。逐帧动画具有非常好的灵活性，可以表现任何想表现的内容。而它那类似于电影的播放模式很适合创建细腻的动画，例如人物或动物急转身、走路、说话，以及头发和衣服的飘动、精致的3D效果等，所以许多优秀的动画设计中都用到了逐帧动画。

综上所述，在制作动画的时候，如果渐变动画不能完成动画效果，则会使用逐帧动画来制作。逐帧动画会保存每个完整帧的值，这是最基本，也是效果最直接的动画形式。图5-6所示为一只小狮子的逐帧动作动画。

图5-6

 课堂案例5-1： 独角兽

| 案例位置 | 案例>CH05>独角兽>独角兽.fla |
| --- | --- |
| 素材位置 | 素材>CH05>独角兽> beij.jpg、d1.png、d2.png、d3.png、d4.png、d5.png |

**设计思路**

本例制作独角兽动画，设计思路如下：导入背景图像，新建图层，插入空白关键帧，依次导入不同的图像到这些空白关键帧中，然后保存文件。

案例效果

操作步骤

① 启动Animate 2021，新建一个空白文档，执行"修改>文档"菜单命令，打开"文档设置"对话框，在对话框中将"舞台大小"设置为650像素×480像素，"帧频"设置为12，如图5-7所示。

② 执行"文件>导入>导入到舞台"菜单命令，将背景图像导入舞台中，如图5-8所示。

图5-7

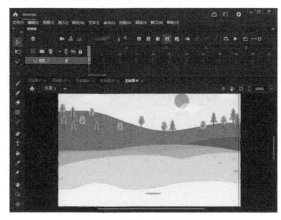

图5-8

③ 单击"时间轴"面板中的"新建图层"按钮 ➕，新建"图层_2"，分别选择"图层_2"的第1~第5帧，插入空白关键帧，在"图层_1"的第5帧处插入帧，如图5-9所示。

④ 选择"图层_2"的第1帧，执行"文件>导入>导入到舞台"菜单命令，将独角兽图像导入舞台中，如图5-10所示。

图5-10

图5-9

⑤ 选择"图层_2"的第2帧，执行"文件>导入>导入到舞台"菜单命令，将另一幅独角兽图像导入舞台中，如图5-11所示。

❻按照同样的方法，再导入3幅独角兽图像到"图层_2"剩余的空白关键帧中，如图5-12所示。

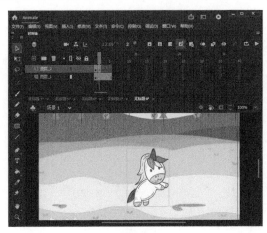 

图5-11                                    图5-12

❼保存文件，按Ctrl+Enter组合键，本例完成效果如图5-13所示。

图5-13

逐帧动画是比较常用的动画表现形式，特点是一帧一帧地将动作的每个细节都表现出来。显然，制作这种动画工作量很大，使用一些小技巧能够减少一定的工作量。

### 1. 循环法

循环法是常用的动画表现方法，将一些动作简化成由只有几帧（甚至只有2、3帧）的影片剪辑，循环播放影片剪辑来表现一些动作，例如制作头发和衣服飘动、走路、说话等动作经常使用此方法。制作这种循环的逐帧动画，要注意节奏，节奏好了能取得很好的效果。

图5-14中斗篷的飘动动画就是由3帧逐帧动画组成的影片剪辑。只需制作出一帧，其他两帧在第一帧的基础上稍做修改便完成了。

图5-14

### 2. 节选渐变法

在表现一个"缓慢"的动作时，例如手缓缓张开、头（正面）缓缓抬起，用逐帧动画会显得很复杂。这时，可以考虑在整个动作中节选几个关键的帧，然后用渐变或闪现的方法来表现整个动作，如图5-15所示。

图5-15

在图5-15中，通过节选手张开动作过程中的4个瞬间，绘制了4个图形，将其定义成影片剪辑之后，通过Alpha（透明度）的改变来表现出一个完整的手张开的动作。

如果完全逐帧地将整个动作绘制出来，想必会花费大量的时间和精力，这种方法可以在基本达到效果的同时简化工作。

注意，该方法适合制作"慢动作"，另外也可用于制作一些特殊情景，例如制作舞厅灯光。

### 3. 再加工法

图5-16所示为牛抬头的动作，以牛头作为一个影片剪辑，用旋转变形使牛头"抬起来"。从第1步的结果来看，牛头和脖子之间有一个断层，第2步将变形的所有帧转换成关键帧，并将其打散，然后逐帧在脖子处进行修改，最后做一定的修饰，给牛身加上金边，这样整个动画的气氛就出来了。借助参照物或简单的变形进行加工，可以得到复杂的动画。

图5-16

### 4. 遮蔽法

该方法的中心思想就是将复杂动画的部分遮住。具体的遮蔽物可以是位于动作主体上层的东西，也可以是动画的框（动画的宽度限制）等。

## 5.3 动作补间动画

动作补间动画是指在"时间轴"面板的一个图层中创建两个关键帧，分别为这两个关键帧设置不同的位置、大小、方向等参数，再在两个关键帧之间创建动作补间动画效果，是Animate动画中比较常用的动画类型。

选择要创建动画的关键帧，单击鼠标右键，在弹出的快捷菜单中执行"创建传统补间"命令，或者执行"插入>创建传统补间"菜单命令，即可快速地完成动作补间动画的创建，如图5-17所示。

图5-17

課堂案例5-2： 跳远

| 案例位置 | 案例>CH05>跳远>跳远.fla |
| 素材位置 | 素材>CH05>跳远> bj.jpg、ty.png |

## 设计思路

本例制作跳远动画，设计思路如下：导入背景图像，新建图层并导入人物图像，插入帧与关键帧，移动人物图像的位置，创建动作补间动画。

## 案例效果

## 操作步骤

❶启动Animate 2021，新建一个空白文档，执行"修改>文档"菜单命令，打开"文档设置"对话框，在对话框中将"舞台大小"设置为780像素×500像素，"帧频"设置为12，如图5-18所示。

❷执行"文件>导入>导入到舞台"菜单命令，将背景图像导入舞台中，如图5-19所示。

图5-18

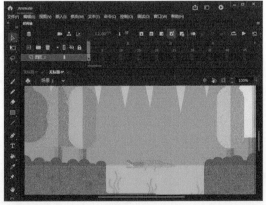

图5-19

❸新建"图层_2"，执行"文件>导入>导入到舞台"菜单命令，将人物图像导入舞台中，如图5-20所示。

Animate动画制作案例教程（全彩微课版）

④ 在"图层_1"的第60帧处插入帧,在"图层_2"的第30帧处插入关键帧,然后选择"图层_2"的第30帧处的人物图像,将其拖曳到背景图像中鳄鱼的上方,如图5-21所示。

图5-20                                图5-21

⑤ 选择"图层_2"的第1~第30帧的任意一帧,执行"插入>创建传统补间"菜单命令,即可为第1~第30帧创建动作补间动画,如图5-22所示。

⑥ 在"图层_2"的第60帧处插入关键帧,然后选择"图层_2"的第60帧处的人物图像,将其拖曳到背景图像右侧,如图5-23所示。

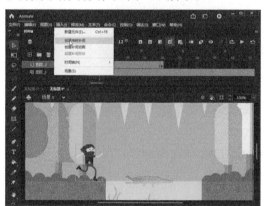 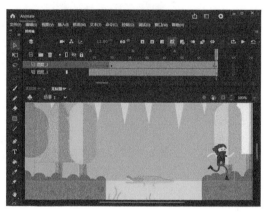

图5-22                                图5-23

⑦ 选择"图层_2"的第30 ~第60帧的任意一帧,执行"插入>创建传统补间"菜单命令,即可为第30~第60帧创建动作补间动画,如图5-24所示。

⑧ 保存文件,按Ctrl+Enter组合键,本例完成效果如图5-25所示。

 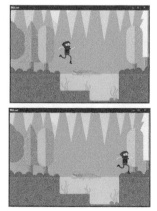

图5-24                                图5-25

在创建动作补间动画时，可以先为关键帧创建动画属性，再拖曳关键帧中的图形，进行动画编辑。在实际的编辑工作中，也可以根据需要随时对关键帧中图形的位置、大小和方向进行修改。

## 5.4 形状补间动画

选择要创建形状补间动画的关键帧，单击鼠标右键，在弹出的快捷菜单中执行"创建补间形状"命令，或者执行"插入>创建补间形状"菜单命令（见图5-26），即可快速地完成形状补间动画的创建。

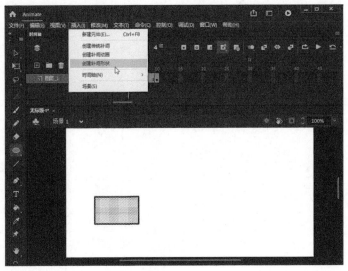

图5-26

### 课堂案例5-3： 变身

| 案例位置 | 案例>CH05>变身>变身.fla |
| 素材位置 | 素材>CH05>变身> b1.png、b2.png |

### 设计思路

本例使用形状补间动画制作变身效果，设计思路如下：导入图像，将导入的图像打散，创建形状补间动画。

案例效果

操作步骤

❶启动Animate 2021，新建一个空白文档，执行"文件>导入>导入到舞台"菜单命令，将小女孩图像导入舞台中，如图5-27所示。

❷在"图层_1"的第30帧处插入空白关键帧，执行"文件>导入>导入到舞台"菜单命令，将另一幅小女孩图像导入舞台中，如图5-28所示。

图5-27

图5-28

❸分别选择"图层_1"的第1帧与第30帧处的小女孩图像，执行"修改>分离"菜单命令，将小女孩图像打散，如图5-29所示。

 提示　　在创建形状补间动画时，要先将图像打散。

❹选择"图层_1"的第1帧，执行"插入>创建补间形状"菜单命令，即可为选择的关键帧创建形状补间动画，如图5-30所示。

图5-29

图5-30

⑤在"属性"面板的"混合"下拉列表中选择"分布式"选项，如图5-31所示。

 **提示** 如果在"属性"面板的"混合"下拉列表中选择了"角形"选项，则关键帧之间的动画形状会保留明显的角和直线。

⑥保存文件，按Ctrl+Enter组合键，本例完成效果如图5-32所示。

图5-31

图5-32

# 5.5 引导动画

引导动画需要使用引导层完成。引导层作为特殊的图层，在Animate动画设计中的应用十分广泛。在引导层的帮助下，可以实现对象沿着特定的路径运动的效果。要创建引导动画，需要两个图层：一个引导层和一个被引导层。在创建引导动画时，一条引导路径可以同时作用于多个对象，一个动画中可以存在多个引导层，引导层中的内容在最后输出的动画文件中不可见。

 **课堂案例5-4：** 公交站前的落叶

> 案例位置    案例>CH05>公交站前的落叶>公交站前的落叶.fla
>
> 素材位置    素材>CH05>公交站前的落叶>le.png、lybj.jpg

## 设计思路

本例制作落叶飘动效果，设计思路如下：导入背景图像，创建引导层并绘制落叶的飘动轨迹，创建引导动画。

案例效果

操作步骤

①启动Animate 2021，新建一个空白文档，执行"修改>文档"菜单命令，打开"文档设置"对话框，在对话框中将"舞台大小"设置为682像素×688像素，如图5-33所示。

②执行"文件>导入>导入到舞台"菜单命令，将背景图像导入舞台中，如图5-34所示。

图5-33

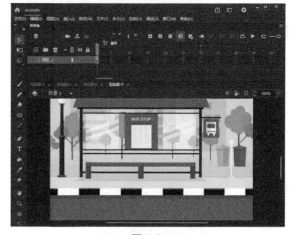

图5-34

③新建"图层_2"，执行"文件>导入>导入到舞台"菜单命令，将树叶图像导入舞台中，如图5-35所示。

④选择"图层_2"，单击鼠标右键，在弹出的快捷菜单中执行"添加传统运动引导层"命令，这样就会在"图层_2"的上层新建一个引导层，如图5-36所示。

⑤选择"引导层"的第1帧，使用"铅笔工具" 绘制一条黑色的曲线，如图5-37所示。

提示 绘制的曲线就是树叶的飘动轨迹，该曲线在最终动画效果中是不显示的，只起引导作用。

图5-35

⑥分别在"图层_1"与"引导层"的第100帧处插入帧，在"图层_2"的第100帧处插入关键帧，如图5-38所示。

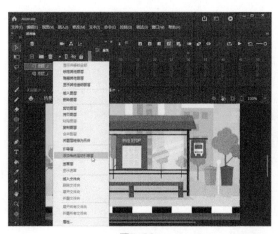
图5-36

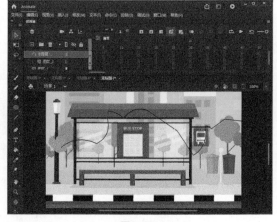
图5-37

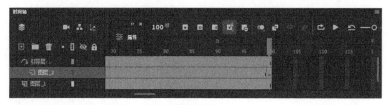
图5-38

⑦使用"任意变形工具" 选择"图层_2"第1帧中的树叶,将其拖曳到曲线的开始处,注意树叶的中心点要与曲线的起点重合,如图5-39所示。

⑧使用"任意变形工具" 选择"图层_2"第100帧中的树叶,将其沿着曲线拖曳到终点,如图5-40所示。

图5-39

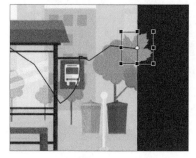
图5-40

⑨在"图层_2"的第1帧与第100帧之间创建动作补间动画,如图5-41所示。

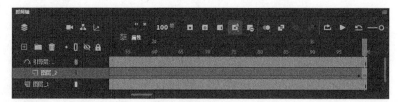
图5-41

⑩选择"图层_2"的第1帧,打开"属性"面板,设置"旋转"为"顺时针",次数为"2",表示树叶将会顺时针旋转两次,如图5-42所示。

⑪保存文件,按Ctrl+Enter组合键,本例完成效果如图5-43所示。

图5-42

图5-43

动作补间动画、形状补间动画、引导动画是制作Animate动画时常用的几种变形动画，制作它们只需指定首尾两个关键帧，中间过程由计算机自动生成，在制作动画时常用来表现动作。

但是，有时候只使用单一的变形，动作效果会显得比较单调，这时可以考虑组合使用变形。例如，为前景、中景和背景分别制作变形，或者仅将前景和背景分别变形，这样工作量不大，又能取得良好的效果。

图5-44中兔子翻跟头的动作（动画1）由动画2、3、4这3个部分组成。动画2是背景的简单上下移动变形，动画3是中景白云的旋转缩放，它们都是简单的动画。动画4稍微复杂一点，是一个有2帧的影片剪辑（由正立、倒立的兔子构成的翻跟斗动作），跳起落下都是简单的缩放变形。由动画2、3、4组成的动画1就是一个比较和谐的组合动画，其最终的效果比较丰富。

图5-44

## 5.6 遮罩动画

在制作动画的过程中，有些效果用一般的方法很难实现，如手电筒灯光、百叶窗、放大镜等效果，以及一些文字特效，这时就要用到遮罩动画了。

创建遮罩动画需要两个图层：一个遮罩层和一个被遮罩层。要创建动态效果，可以为遮罩层创建动作补间动画。对于用作遮罩的填充形状，可以创建形状补间动画。对于文字对象、图形实例或影片剪辑，可以创建引导动画。要创建遮罩层，可以将遮罩项目放在要用作遮罩的图层上。和填充或笔触不同，遮罩项目像窗口，透过它可以看到位于它下层的链接层区域。除了透过遮罩项目显示的内容之外，其余的所有内容都被遮罩层的其他部分隐藏了。一个遮罩层只能包含一个遮罩项目。按钮内部不能有遮罩层，也不能将一个遮罩应用于另一个遮罩。

在Animate 2021中，使用遮罩层可以制作出特殊的遮罩动画效果，例如聚光灯效果。可以将遮罩层比作聚光灯，当遮罩层移动时，对象中被灯光扫过的地方清晰可见，没有被灯光扫过的地方将不可见。另外，一个遮罩层可以同时遮罩几个图层，从而产生各种特殊的效果。

下面通过一个案例介绍遮罩层的使用方法。在这个案例中，只有椭圆形经过的地方图片的内容才会显示出来。其具体操作步骤如下。

（1）启动Animate 2021，新建一个空白文档，将文档的"舞台颜色"设置为黑色。执行"文件>导入>导入到舞台"菜单命令，将一幅图像导入舞台中，如图5-45所示。

（2）新建"图层_2"，选择"图层_2"的第1帧，使用"椭圆工具"  在舞台的左侧绘制一个无边框、填充色任意的椭圆形，如图5-46所示。

图5-45

图5-46

（3）在"图层_1"的第50帧处插入帧，在"图层_2"的第50帧处插入关键帧。选择"图层_2"第50帧中的椭圆形，将其拖曳到舞台的右侧，如图5-47所示。

（4）选择"图层_2"的第1帧，执行"插入>创建补间形状"菜单命令，为选择的关键帧创建形状补间动画。在"图层_2"上单击鼠标右键，在弹出的快捷菜单中执行"遮罩层"命令，如图5-48所示。

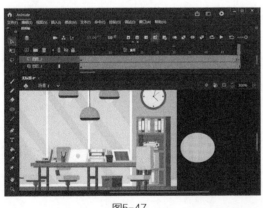

图5-47

图5-48

（5）保存文件，按Ctrl+Enter组合键，本例完成效果如图5-49所示。

从这个案例可以看出，遮罩层就像一块不透明的布，它可以将下层的图层挡住。只有在遮罩层填充色下才可以看到下面图层的内容，而遮罩层中的填充色是不可见的。

图5-49

Animate动画制作案例教程（全彩微课版）

课堂案例5-5： 空气净化器广告

> 
案例位置 案例>CH05>空气净化器广告>空气净化器广告.fla

素材位置 素材>CH05>空气净化器广告>le.png、lybj.jpg

## 设计思路

本例制作空气净化器广告，设计思路如下：导入背景图像，输入广告文字，绘制矩形，插入关键帧并移动矩形，创建补间动画，创建针对文字的遮罩动画。

## 案例效果

## 操作步骤

❶启动Animate 2021，新建一个空白文档，执行"修改>文档"菜单命令，打开"文档设置"对话框。在对话框中将"舞台大小"设置为840像素×353像素，"帧频"设置为12，如图5-50所示。

❷执行"文件>导入>导入到舞台"菜单命令，将背景图像导入舞台中，如图5-51所示。

❸新建"图层_2"，使用"文本工具" Ｔ 在舞台中输入"HA空气净化器"，在"属性"面板中设置文字的字体为"微软雅黑"，"大小"为29pt，"填充"为蓝色，字符间距为2，如图5-52所示。

❹新建"图层_3"，使用"矩形工具" ▣ 在文字的左侧绘制一个无边框、填充颜色任意的矩形，如图5-53所示。

图5-50

❺在"图层_1"与"图层_2"的第35帧处插入帧，在"图层_3"的第35帧处插入关键帧。选择"图层_3"第35帧中的矩形，将其向右拖曳到完全遮住文字的位置，如图5-54所示。

图5-51                                    图5-52

图5-53                                    图5-54

⑥选择"图层_3"的第1帧，执行"插入>创建补间形状"菜单命令，为选择的关键帧创建形状补间动画。在"图层_3"上单击鼠标右键，在弹出的快捷菜单中执行"遮罩层"命令，如图5-55所示。

⑦在所有图层的第100帧处插入帧，然后新建"图层_4"，在"图层_4"的第36帧处插入关键帧，使用"文本工具" T 在舞台中输入"创造美好生活"。在"属性"面板中设置文字的字体为"幼圆"，"大小"为38pt，"填充"为蓝色，字符间距为2，如图5-56所示。

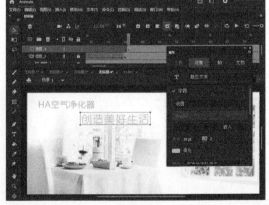

图5-55                                    图5-56

⑧新建"图层_5"，在第36帧处插入关键帧，使用"椭圆工具" ● 在刚输入的文字的中间绘制一个无边框、填充颜色为黑色的椭圆形，如图5-57所示。

⑨在"图层_5"的第60帧处插入关键帧，然后选择"图层_5"第60帧中的椭圆形，使用"任意变形工具"📐将其放大至完全遮住文字，如图5-58所示。

⑩选择"图层_5"的第36帧，执行"插入>创建补间形状"菜单命令，为选择的关键帧创建形状补间动画。使用鼠标右键单击"图层_5"，在弹出的快捷菜单中执行"遮罩层"命令，如图5-59所示。

⑪保存文件，按Ctrl+Enter组合键，本例完成效果如图5-60所示。

图5-57

图5-58

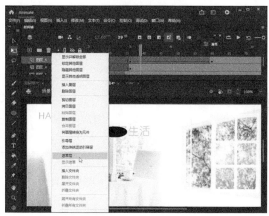

图5-59

图5-60

## 5.7 知识拓展

在使用形状补间动画制作变形动画的时候，如果动画比较复杂或特殊，就不太容易控制，系统自动生成的过渡动画效果也不能令人满意。这时使用形状提示功能就可以让过渡动画按照自己设想的方式进行，其方法是：分别在动画的起始帧和结束帧的图形上指定一些形状提示。下面结合一个案例来介绍添加了形状提示的变形动画的制作方法。

### 5.7.1 设置起始帧状态

（1）启动Animate 2021，新建一个空白文档，打开"属性"面板，选择工具箱中的"文本工具"🅃，然后在"属性"面板中设置文字的字体为"Lucida Sans Unicode"，"大小"为

220pt，如图5-61所示。

（2）在舞台中用"文本工具"  输入文字"H"，如图5-62所示。

（3）用"选择工具" 选择输入的文字，然后执行"修改>分离"菜单命令，将该文字分离，如图5-63所示。

图5-61　　　　　　　图5-62　　　　　　　图5-63

### 5.7.2　设置结束帧状态

（1）在"图层_1"的第35帧处单击鼠标右键，在弹出的快捷菜单中执行"插入空白关键帧"命令，插入一个空白关键帧。

（2）选择"图层_1"的第35帧，在舞台中以同样的字体和字号输入文字"G"，然后执行"修改>分离"菜单命令，将输入的文字分离，如图5-64所示。

（3）选择"图层_1"第1~第35帧之间的任意一帧，然后执行"插入>创建补间形状"菜单命令，如图5-65所示。这样一个形状变形动画就基本制作完成了。

图5-64　　　　　　　　　　　　　　　图5-65

### 5.7.3　添加形状提示

（1）执行"修改>形状>添加提示"菜单命令，或按Ctrl+Shift+H组合键，这样就添加了一个形状提示，场景中会出现一个形状提示 ，将其拖曳至形状H的左上角。以同样的方法再添加一个形状提示，场景中会增加一个形状提示 ，将其拖曳至形状H的右下角，如图5-66所

示。如果需要精确定义变形动画的变化，还可以添加更多的形状提示。

（2）选择"图层_1"的第35帧，舞台中多出了和在第1帧中添加的形状提示一样的形状提示。拖曳形状提示 ⓐ 至形状G的左上角，拖曳形状提示 ⓑ 至形状G的右下角，在拖曳的时候形状提示变成绿色，表示自定义的形状变形能够实现，如图5-67所示。

变形动画的制作方法和具体的操作步骤与动作补间动画的制作相似，都是通过设置关键帧的不同状态，然后由系统根据两个关键帧的状态，在这两个关键帧之间自动生成形状变形动画的过渡帧。

图5-66 　　　　图5-67

### 5.7.4　删除形状提示

单个形状提示的删除方法有以下两种。

第1种：将形状提示拖曳到图形外。

第2种：在建立的形状提示上单击鼠标右键，弹出图5-68所示快捷菜单，执行"删除提示"命令。

多个形状提示的删除方法有以下两种。

第1种：执行"修改>形状>删除所有提示"菜单命令。

第2种：在建立的形状提示上单击鼠标右键，在弹出的快捷菜单中执行"删除所有提示"命令。

图5-68

> **提示**
>
> 在制作加入了形状提示的变形动画时，应该注意以下两个方面的问题。
>
> （1）变形动画的对象如果是位图或文字，则只有它们被完全分离后才能创建变形动画，否则动画将不能被创建。
>
> （2）在添加形状提示后，只有当起始关键帧的形状提示从红色变为黄色，结束关键帧的形状提示从红色变为绿色时，才能使形状变形得到控制，否则添加的形状提示无效。

## 5.8　课堂练习：跑步

| 案例位置 | 案例>CH05>跑步>跑步.fla |
| --- | --- |
| 素材位置 | 素材>CH05>跑步>pao1.png ~ pao8.png、paobu.jpg |

应用本章介绍的知识创建一个跑步动画，完成效果如图5-69所示。

（1）启动Animate 2021，新建一个空白文档，执行"修改>文档"菜单命令，打开"文档设置"对话框。在对话框中将"舞台大小"设置为660像素×520像素，"帧频"设置为12，如图5-70所示。

图5-69

（2）执行"文件>导入>导入到舞台"菜单命令，将背景图像导入舞台中，如图5-71所示。

图5-70

图5-71

（3）单击"时间轴"面板中的"新建图层"按钮，新建"图层_2"，然后分别选择"图层_2"的第3、5、7、9、11、13、15帧，插入空白关键帧，在"图层_1"的第15帧处插入关键帧，如图5-72所示。

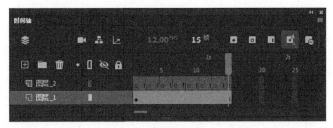

图5-72

（4）选择"图层_2"的第1帧，执行"文件>导入>导入到舞台"菜单命令，将人物跑步图像导入舞台中，如图5-73所示。

（5）选择"图层_2"的第3帧，执行"文件>导入>导入到舞台"菜单命令，将人物跑步图像导入舞台中，如图5-74所示。

（6）选择"图层_2"的第5帧，执行"文件>导入>导入到舞台"菜单命令，将人物跑步图像导入舞台中，如图5-75所示。

（7）选择"图层_2"的第7帧，执行"文件>导入>导入到舞台"菜单命令，将人物跑步图像导入舞台中，如图5-76所示。

图5-73 图5-74

图5-75

图5-76

（8）使用同样的方法，导入4幅人物跑步图像到"图层_2"剩余的空白关键帧中，如图5-77所示。

（9）在"图层_1"的第15帧处插入关键帧，然后选择"图层_1"第15帧处的背景图像，将其向左拖曳40像素，如图5-78所示。

图5-77

图5-78

（10）选择"图层_1"的第1~第15帧的任意一帧，执行"插入>创建传统补间"菜单命令，如图5-79所示。

（11）保存文件，按Ctrl+Enter组合键，本例完成效果如图5-80所示。

图5-79

图5-80

## 5.9 课后练习：白鹤

> 案例
> 位置　案例>CH05>白鹤>白鹤.fla
>
> 素材
> 位置　素材>CH05>白鹤>bhbj.jpg、1.png

应用本章介绍的知识制作白鹤飞翔动画，完成效果如图5-81所示。

图5-81

# 第6章 元件、库和实例

在Animate 2021中，对于需要重复使用的资源，可以将其制作成元件，然后从"库"面板中拖曳到舞台中使其成为实例。合理地利用元件、库和实例，对提高Animate动画制作效率有很大的帮助。本章将介绍三大元件的创建和库的概念，以及实例的创建与编辑。希望读者通过学习本章的内容，能掌握元件的创建、库的管理与实例的使用等知识。

# 6.1 元件

元件是Animate动画中的一种特殊组件，就像影视剧中的演员、道具一样，都是具有独立身份的元素，在影片中发挥着各自的作用。在一个动画中，有时需要一些特定的元素多次出现，在这种情况下，就可以将这些特定的元素创建为元件，这样就可以在动画中对其进行多次引用了。

元件包括图形元件、影片剪辑元件和按钮元件3种类型，每个元件都有唯一的时间轴、舞台及图层。在Animate 2021中，可以使用"新建元件"命令创建影片剪辑、按钮和图形3种类型的元件。

元件是由形状构成的、可以反复使用的图形、按钮或者影片剪辑。元件中的动画可以独立于主场景中的动画进行播放。由于元件具有可以反复使用的特点，因此用户不必重复制作相同的部分，从而大大提高了工作效率。元件的重要性是显而易见的，在Animate动画中使用元件主要有以下3个优点。

（1）简化动画的制作过程。在动画的制作过程中，将频繁使用的设计元素做成元件，在需要多次使用时就不必每次都重新编辑。当库中的元件被修改后，在场景中该元件的所有实例都会随之发生改变，从而大大节省了设计时间。

（2）减小文件大小。在Animate动画中重复编辑某个对象时，每个复制的对象都具有独立的文件信息，整个文件的体量也会加大。如果将对象制作成元件以后加以应用，就会反复调用同一个对象，而不会使文件变大。

（3）方便网络传输。当把动画文件上传到网络时，虽然一个元件在Animate动画中创建了多个实例，但是无论其在动画中出现过多少次，该实例都只需下载一次，这样便缩短了下载时间，加快了动画播放速度。

## 6.1.1 图形元件

在Animate动画中，一个元件可以被多次使用在不同位置。各个元件之间可以相互嵌套，不管元件的行为属于何种类型，都能作为一个独立的部分存在于另一个元件中，使制作的Animate动画有更丰富的变化。图形元件是Animate动画中最基本的元件，主要用于建立和储存独立的图形内容，也可以用来制作动画。但是当把图形元件拖曳到舞台中或其他元件中时，不能对其设置实例名称，也不能为其添加脚本。

在Animate 2021中，可将编辑好的对象转换为图形元件，也可以创建一个空白的图形元件，然后在元件编辑模式下制作和编辑图形元件。下面分别介绍这两种方法。

### 1. 将对象转换为图形元件

场景中的任何对象都可以被转换成元件，下面介绍转换方法。

（1）使用"选择工具" ▶ 选择舞台中的对象，如图6-1所示。

（2）执行"修改>转换为元件"菜单命令或按F8键，打开"转换为元件"对话框。在"名称"文本框中输入元件的名称"大熊猫"，在"类型"下拉列表中选择"图形"选项，如图6-2所示。单击"确定"按钮，该对象就被转换为元件了。

图6-1

图6-2

### 2. 创建新的图形元件

创建新的图形元件是指直接创建一个空白的图形元件，然后进入元件编辑模式创建和编辑图形元件的内容。其创建方法如下。

（1）执行"插入>新建元件"菜单命令，打开"创建新元件"对话框。在"名称"文本框中输入元件的名称"小象"，在"类型"下拉列表中选择"图形"选项，如图6-3所示。

（2）单击"确定"按钮，舞台会自动从场景模式转换到元件编辑模式。在元件编辑区的中心出现一个十字形光标，此时就可以在这个编辑区中编辑图形元件了，如图6-4所示。

图6-3

（3）在元件编辑区中可以绘制图形或导入图形，如图6-5所示。

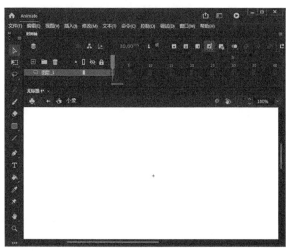

图6-4

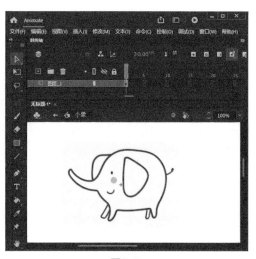

图6-5

（4）执行"编辑>编辑文档"菜单命令，或者单击元件编辑区左上角的"返回场景"按钮 ，回到场景编辑区。

提示

运用新建元件的方式得到的图形元件一般保存在"库"面板的目录之下，在完成元件的创建回到场景编辑区后，如果要运用元件，则需要打开"库"面板将相应的图形元件拖曳到场景编辑区中的相应位置。

图形元件被放入其他场景或元件中后，不能再对其进行编辑。如果对某图形元件不满意，可以执行"窗口>库"菜单命令，打开"库"面板，双击"库"面板中的元件图标，或双击场景中的元件进入元件编辑区，对元件进行编辑。

## 6.1.2 影片剪辑元件

影片剪辑元件是Animate动画中常用的元件，它是独立于动画时间线的元件，主要用于创建具有一段独立主题内容的动画片段。当影片剪辑元件所在图层的其他帧没有别的元件或空白关键帧时，它将不受目前场景中帧长度的限制循环播放；如果有空白关键帧，并且空白关键帧所在位置比影片剪辑动画的结束帧靠前，则影片剪辑元件会结束循环播放。

如果在一个Animate动画中，某一个片段会在多个地方使用，则可以把该片段制作成影片剪辑元件。和制作图形元件一样，在制作影片剪辑元件时，可以直接创建一个空白的影片剪辑元件，然后在元件编辑区中对影片剪辑元件进行编辑。

创建影片剪辑元件的操作步骤如下。

（1）执行"插入>新建元件"菜单命令，打开"创建新元件"对话框。在"名称"文本框中输入元件的名称，在"类型"下拉列表中选择"影片剪辑"选项，如图6-6所示。

（2）单击"确定"按钮，舞台会自动从场景模式转换到元件编辑模式。在元件编辑区的中心出现一个十字形光标，此时就可以在这个编辑区中编辑影片剪辑元件了，如图6-7所示。

图6-6

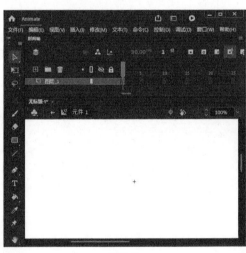

图6-7

## 6.1.3 按钮元件

按钮元件是在Animate动画中创建互动功能的重要工具，它可以响应鼠标的单击、滑过及按下等动作，然后将响应的事件结果传递给创建的互动程序进行处理。执行"插入>新建元件"菜单命令，打开"创建新元件"对话框。在对话框的"名称"文本框中输入元件的名称"按钮"，在"类型"下拉列表中选择"按钮"选项，单击"确定"按钮。进入元件编辑区后，可以看到"时

间轴"面板中已不再是带有帧标尺的时间栏，取代帧标尺的是4个空白帧，分别为"弹起""指针
经过""按下""点击"，如图6-8所示。

- 弹起：按钮在通常情况下所处的状态，即鼠标指针没有在此按钮上或者此按钮未被单击时的状态。

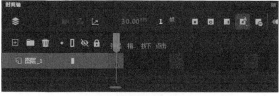

第6章

图6-8

- 指针经过：鼠标指针指向状态，即当鼠标指针移动至该按钮上但没有按下此按钮时，按钮所处的状态。
- 按下：按下此按钮时，按钮所处的状态。
- 点击：这种状态下可以定义响应按钮事件的区域，只有当鼠标指针进入这一区域时，按钮才开始响应鼠标的动作。另外，这一帧仅代表一个区域，并不会在动画选择时显示出来。通常该区域不用特别设定，系统会自动依照按钮的"弹起"或"指针经过"状态时的面积作为按钮事件的响应范围。

课堂案例6-1：　卡通按钮

> 案例位置　案例>CH06>卡通按钮>卡通按钮.fla

> 素材位置　素材>CH06>卡通按钮>1.png、2.png、3.png、bj.jpg

 设计思路

本例制作卡通按钮，设计思路如下：导入背景图像，将卡通图像导入库中，创建按钮元件，将图像分别放置到按钮元件的不同帧中，返回主场景，拖入按钮元件。

 案例效果

操作步骤

❶启动Animate 2021，新建一个空白文档，执行"修改>文档"菜单命令，打开"文档设置"对话框，在对话框中将"舞台大小"设置为440像素×440像素，如图6-9所示。
❷执行"文件>导入>导入到舞台"菜单命令，将背景图像导入舞台中，如图6-10所示。
❸执行"文件>导入>导入到库"菜单命令，将3幅卡通图像导入"库"面板中，如图6-11所示。

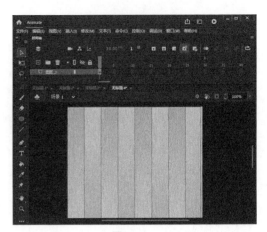

图6-9                                          图6-10

④执行"插入>新建元件"菜单命令，打开"创建新元件"对话框。在"名称"文本框中输入"按钮"，在"类型"下拉列表中选择"按钮"选项，如图6-12所示。

⑤单击"确定"按钮，进入按钮元件的编辑状态。从"库"面板中将一幅卡通图像拖曳到元件编辑区中，如图6-13所示。

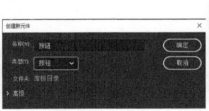

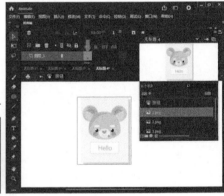

图6-11                      图6-12                                图6-13

⑥在"指针经过"处插入空白关键帧，再从"库"面板中将一幅卡通图像拖曳到元件编辑区中，如图6-14所示。

⑦在"按下"处插入空白关键帧，再从"库"面板中将一幅卡通图像拖曳到元件编辑区中，如图6-15所示。

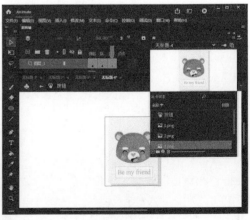

图6-14                                          图6-15

⑧单击←按钮，返回主场景，从"库"面板中将按钮元件拖曳到舞台中，如图6-16所示。

⑨保存文件，按Ctrl+Enter组合键，本例完成效果如图6-17所示。

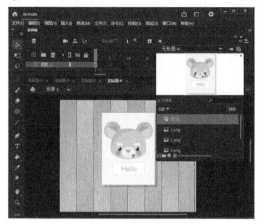

图6-16

图6-17

## 6.1.4 各种元件相互转换

在Animate 2021中可以将"图形""影片剪辑""按钮"这3个元件互相转换，以满足动画制作的需要。下面介绍元件转换方法。

（1）在舞台中选择要转换的按钮元件，然后执行"修改>转换为元件"菜单命令，打开"转换为元件"对话框，如图6-18所示。

（2）在"转换为元件"对话框中设置元件名称并选择要转换的元件类型，这里选择"图形"选项，如图6-19所示。

（3）单击"确定"按钮，在"属性"面板中即可看到该按钮元件已经变为图形元件了，如图6-20所示。

图6-18

图6-19

图6-20

提示

在Animate 2021中，选择舞台中要转换类型的实例，单击"属性"面板中的"实例行为"下拉按钮，在弹出的下拉列表中选择相应的选项，即可改变实例的类型，如图6-21所示。使用此种方法改变的是实例的类型，"库"面板中不会增加新的元件。

图6-21

# 6.2 库

库是一个包含可重用元素的仓库，这些元素被称为元件，可将它们作为元件实例导入
Animate动画中。导入的声音和位图将自动保存在库中。创建的图形元件、按钮元件和影片剪辑
元件也同样保存在库中。

## 6.2.1 库的界面

执行"窗口>库"菜单命令或按
F11键，打开"库"面板，如图6-22
所示。每个动画文档都有一个用于存
放元件、位图、声音和视频文件的
库，利用"库"面板可以查看和组织
库中的元件。当选择库中的一个元件
时，"库"面板会将其显示出来。

① "库"面板菜单：单击下拉按
钮 ，可以在打开的下拉菜单中执行
"新建元件""新建文件夹"等命令。

② 文档列表：可以在下拉列表中
选择动画文档。

③ 新建库面板：新建一个当前的
库面板。

④ 固定当前库：固定当前库后，
可以切换到其他文档，然后将固定库中的元件引用到其他文档中。

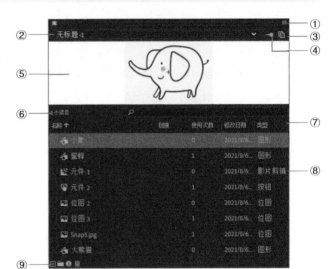

图6-22

⑤ 预览窗口：可以预览选择的元件。

⑥ 统计与搜索：显示元件的数目，可以在右侧的搜索栏中搜索元件。

⑦ 列标题：显示文件的名称、链接情况、使用次数、修改日期和类型。

⑧ 项目列表：列出了库中的所有元素及它们的各种属性，内容既可以是单个文件，也可以
是文件夹。

⑨ 功能按钮：包括"新建元件"按钮 、"新建文件夹"按钮 、"属性"按钮 和"删除"
按钮 。

## 6.2.2 库的管理

在"库"面板中可以进行重命名文件、删除文件等操作，并可以对元件的类型进行转换。

### 1. 重命名文件

重命名库中的文件或文件夹的方法有以下几种。

（1）双击要重命名的文件的名称。

（2）在需要重命名的文件上单击鼠标右键，在弹出的快捷菜单中执行"重命名"命令。

（3）选择需要重命名的文件，单击"库"面板标题栏右侧的下拉按钮，在打开的下拉菜单
中执行"重命名"命令。

执行上述操作中的任意一种后，会看到该元件名称处出现闪动的光标，输入名称即可重命
名文件，如图6-23所示。

**2. 删除文件**

对于库中多余的文件，可以选择该文件，单击鼠标右键，在弹出的快捷菜单中执行"删除"命令，或单击"库"面板中的"删除"按钮🗑。在Animate 2021中，可以执行"编辑>撤销"菜单命令对错误操作进行撤销。

**3. 转换元件**

在Animate动画的编辑过程中，可以随时将库中元件的类型转换为需要的类型。例如将图形元件转换成影片剪辑元件。在"库"面板中选择需要转换类型的元件，单击鼠标右键，在弹出的快捷菜单中执行"属性"命令，在弹出的"元件属性"对话框中选择新的类型，如图6-24所示。

图6-23　　　　　　　　　　　　　　　　　图6-24

 实例

将"库"面板中的元件拖曳到场景或其他元件中，即可创建实例。也就是说，场景中或元件中的元件被称为实例。使用一个元件可以创建多个实例，对某个实例进行修改不会影响元件，也不会影响其他实例。

**6.3.1 创建实例**

创建实例的方法很简单，只需在"库"面板中选择元件，按住鼠标左键并将其拖曳到场景中，如图6-25所示。释放鼠标，实例便创建成功，如图6-26所示。

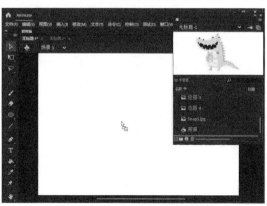

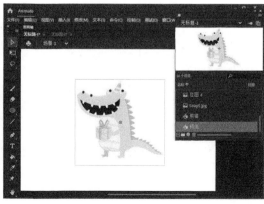

图6-25　　　　　　　　　　　　　　　　　图6-26

创建实例时需要注意场景中帧数的设置，使用多帧的影片剪辑元件和多帧的图形元件创建实例时，前者只需在时间轴上设置一个关键帧，即可在最后输出动画的时候达到播放所有动画的效果，后者则需要在时间轴上设置与该元件完全相同的帧数，动画才能完整地播放。

## 6.3.2 设置实例

对实例进行编辑，一般指的是改变其大小、颜色、名称等。要改变实例的内容，只有进入元件中才能操作，并且这样的操作会改变所有使用该元件创建的实例。

### 1. 色彩效果

选择实例，打开"属性"面板，在"色彩效果"栏的下拉列表中有5个选项，分别为"无""亮度""色调""高级""Alpha"，如图6-27所示。选择"无"选项表示不做任何修改，其他4个选项的功能如下。

亮度：用于调整实例的相对亮度，取值范围为-100%~100%，-100%为亮度最弱，100%为亮度最强，默认值为0。可以直接输入数值，也可以通过拖曳滑块来调整亮度。例如，调整实例的"亮度"为36%时，效果如图6-28所示。

图6-27

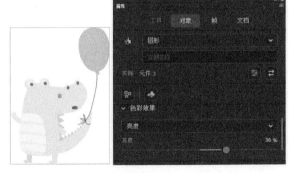

图6-28

色调：可使用一种颜色对实例进行着色。可以选择一种颜色，或调整红色、绿色、蓝色的数值。选择颜色后，在右侧输入数值，该数值表示此种颜色对实例的影响大小，0%表示没有影响，100%表示实例完全变为选择的颜色。例如，调整"色调"为绿色，色彩数量为50%，效果如图6-29所示。

高级：用于调节实例的颜色和透明度，这在制作颜色变化非常精细的动画时非常有用。"高级"下面的每一个选项都有左右两个调节框，左边的调节框用来设置减少相应颜色分量或透明度的比例，右边的调节框通过输入具体数值来增加或减少相应颜色和透明度，如图6-30所示。

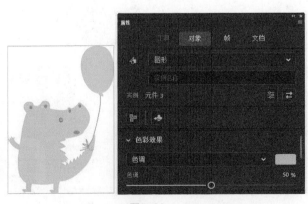

图6-29

图6-30

Alpha：调整实例的透明程度，取值范围为0%~100%，0%表示完全透明，100%表示完全不透明。例如，将"Alpha"设置为40%时，效果如图6-31所示。

图6-31

### 2. 设置实例名称

实例名称的设置只针对影片剪辑元件和图形元件，按钮元件是没有实例名称的。当实例创建成功后，在舞台中选择实例，打开"属性"面板，在名称文本框中可以输入该实例的名称，如图6-32所示。

实例名称是在脚本中对某个具体对象进行操作时的代号，可以使用中文，也可以使用英文和数字，在使用英文时要注意大小写，因为脚本是要区分大小写的。

### 3. 交换实例

当在舞台中创建实例后，可以为实例指定另外的元件，使舞台中的实例变为另一个实例，这时原来的实例属性不会改变。

交换实例的具体操作步骤如下。

（1）在"属性"面板中单击 ⇄ 按钮，弹出"交换元件"对话框，如图6-33所示。

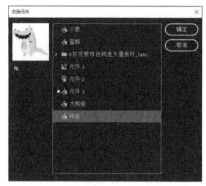

图6-32 图6-33

（2）在"交换元件"对话框中选择想要交换的元件，然后单击"确定"按钮，交换成功。

 课堂案例6-2： 星光灿烂

案例位置　案例>CH06>星光灿烂>星光灿烂.fla

素材位置　素材>CH06>星光灿烂>xk.jpg

 设计思路

本例制作星光灿烂动画效果，设计思路如下：新建文档，导入背景图像，创建影片剪辑元件，并将影片剪辑元件中的元素转换为图形元件，设置其色彩效果，返回主场景，新建一个图层，将影片剪辑元件拖入新图层中并复制多个。

案例效果

操作步骤

❶启动Animate 2021，新建一个空白文档，执行"修改>文档"菜单命令，打开"文档设置"对话框。在对话框中将"舞台大小"设置为316像素×574像素，"舞台颜色"设置为黑色，"帧频"设置为12，如图6-34所示。

❷执行"文件>导入>导入到舞台"菜单命令，将背景图像导入舞台中，如图6-35所示。

图6-34

图6-35

❸执行"插入>新建元件"菜单命令，打开"创建新元件"对话框。在"名称"文本框中输入元件的名称"星星"，在"类型"下拉列表中选择"影片剪辑"选项，单击"确定"按钮，如图6-36所示。

❹在影片剪辑元件"星星"的编辑状态下，选择"图层_1"的第1帧，在元件编辑区中绘制一个星星形状。选择星星形状，按F8键将其转换为图形元件，如图6-37所示。

❺分别选择"图层_1"的第2~第14帧，按F6键插入关键帧，如图6-38所示。

❻选择"图层_1"的第2帧，使用"任意变形工具" ▦ 将星星形状逆时针旋转一定的角度，如图6-39所示。

图6-36

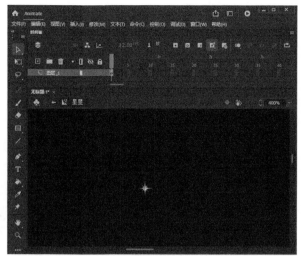

图6-37

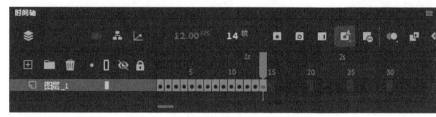

图6-38

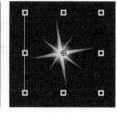

图6-39

⑦使用相同的方法，将剩余关键帧处的星星形状都逆时针旋转一定的角度，如图6-40所示。

⑧分别选择第1帧与第14帧处的星星形状，在"属性"面板中将它们的"Alpha"设置为0%，如图6-41所示。

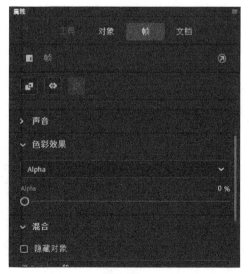

图6-40

图6-41

⑨分别选择第2～第5帧处的星星形状，在"属性"面板中将它们的"Alpha"设置为11%，如图6-42所示。

⑩返回主场景，新建"图层_2"，从"库"面板中将影片剪辑元件"星星"拖曳到舞台中。选择

影片剪辑元件"星星"，在"属性"面板中将它的宽和高都更改为20像素。选中影片剪辑元件"星星"，按住Alt键拖曳复制多个，如图6-43所示。

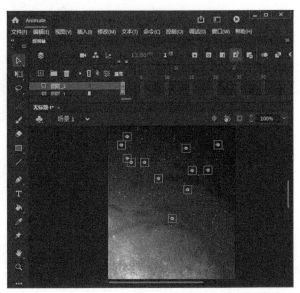

图6-42　　　　　　　　　　　　　　　　图6-43

⑪新建"图层_3"，并在该图层的第3帧处插入关键帧。从"库"面板中将影片剪辑元件"星星"拖曳到舞台中。选择影片剪辑元件"星星"，在"属性"面板中将它的宽和高都更改为23像素。选中影片剪辑元件"星星"，按住Alt键拖曳复制多个，完成后在所有图层的第112帧处插入帧，如图6-44所示。

⑫新建"图层_4"，并在该图层的第6帧处插入关键帧。从"库"面板中将影片剪辑元件"星星"拖曳到舞台中。选择影片剪辑元件"星星"，在"属性"面板中将它的宽和高都更改为21像素。选中影片剪辑元件"星星"，按住Alt键拖曳复制多个，如图6-45所示。

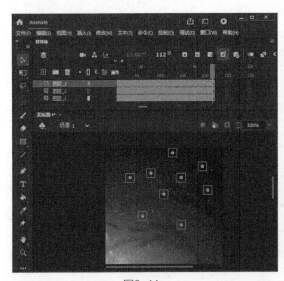

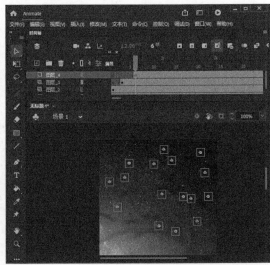

图6-44　　　　　　　　　　　　　　　　图6-45

⑬保存文件，按Ctrl+Enter组合键，本例完成效果如图6-46所示。

图6-46

6.4 知识拓展

在Animate 动画中使用混合模式可以得到多层复合的图像效果。混合模式将改变两个或两个以上重叠对象的透明度或者颜色的相互关系，从而创造出独特的视觉效果。用户可以通过"属性"面板中的"混合"下拉列表为目标添加混合模式，如图6-47所示。

由于混合模式的效果取决于混合对象的混合颜色和基准颜色，因此在使用时应多测试几种混合模式，以得到理想的效果。Animate 2021提供了以下几种混合模式。

- 一般：正常应用颜色，不与基准颜色发生混合，如图6-48所示。
- 图层：层叠各个影片剪辑，不影响其颜色，如图6-49所示。

图6-47                图6-48                图6-49

- 变暗：只替换比混合颜色亮的区域的颜色，比混合颜色暗的区域的颜色不变，如图6-50所示。
- 正片叠底：将基准颜色复合为混合颜色，从而产生较暗的颜色，与"变暗"的效果类似，如图6-51所示。
- 变亮：只替换比混合颜色暗的区域的颜色，比混合颜色亮的区域的颜色不变，如图6-52所示。
- 滤色：将混合颜色的反色复合为基准颜色，从而产生漂白效果，如图6-53所示。

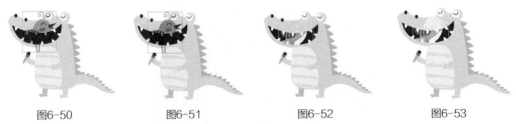

图6-50          图6-51          图6-52          图6-53

- 叠加：进行色彩增值或滤色，具体效果取决于基准颜色，如图6-54所示。
- 强光：进行色彩增值或滤色，具体效果取决于混合颜色。该效果类似于用点光源照射对象，如图6-55所示。
- 增加：根据比较颜色的亮度，从基准颜色增加混合颜色，如图6-56所示。
- 减去：根据比较颜色的亮度，从基准颜色减去混合颜色，如图6-57所示。

图6-54          图6-55          图6-56          图6-57

- 差值：从基准颜色减去混合颜色，或者从混合颜色减去基准颜色，具体效果取决于哪个的亮度较大，如图6-58所示。
- 反相：取基准颜色的反色，效果类似于彩色底片，如图6-59所示。
- Alpha：应用Alpha遮罩层，要求将此图层混合模式应用于父级影片剪辑，不能将背景影片剪辑更改为"Alpha"并应用它，因为该对象将是不可见的，如图6-60所示。
- 擦除：删除所有基准颜色像素，包括背景图像中的基准颜色像素，要求将此图层混合模式应用于父级影片剪辑。不能将背景影片剪辑更改为"擦除"并应用它，因为该对象将是不可见的，如图6-61所示。

图6-58          图6-59          图6-60          图6-61

## 6.5　课堂练习：柯基

 案例
位置　案例>CH06>柯基>柯基.fla

 素材
位置　素材>CH06>柯基>kj1.gif～kj5.gif、kjbj.jpg

Animate动画制作案例教程（全彩微课版）

应用本章介绍的知识创建一个调皮的柯基动画，完成效果如图6-62所示。

图6-62

（1）启动Animate 2021，新建一个空白文档，执行"修改>文档"菜单命令，打开"文档设置"对话框。在对话框中将"舞台大小"设置为750像素×570像素，如图6-63所示。

（2）执行"插入>新建元件"菜单命令，打开"创建新元件"对话框。在"名称"文本框中输入"柯基"，在"类型"下拉列表中选择"影片剪辑"选项，如图6-64所示。

图6-63

图6-64

（3）单击"确定"按钮，进入影片剪辑元件的编辑状态，导入一幅柯基图像到元件编辑区中，如图6-65所示。

（4）在"图层_1"上单击鼠标右键，在弹出的快捷菜单中执行"添加传统运动引导层"命令，如图6-66所示。

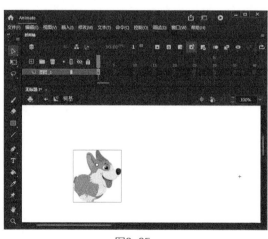

图6-65

图6-66

（5）选择"引导层"的第1帧，使用"铅笔工具" 绘制一条黑色的曲线，这就是柯基运动的轨迹，如图6-67所示。

（6）在"引导层"的第15帧处插入帧，在"图层_1"的第15帧处插入关键帧，如图6-68所示。

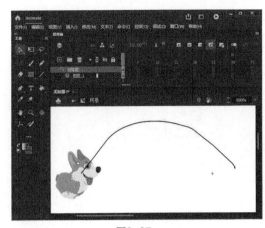

图6-67

图6-68

（7）使用"任意变形工具" 选择"图层_1"第1帧中的柯基，将其拖曳到曲线的开始处，注意柯基的中心点要与曲线的起点重合，如图6-69所示。

（8）使用"任意变形工具" 选择"图层_1"第15帧中的柯基，将其沿着曲线拖曳到终点，如图6-70所示。

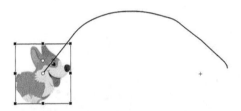

图6-69

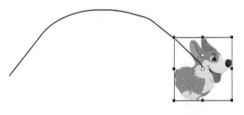

图6-70

（9）为"图层_1"的第1～第15帧创建补间动画，如图6-71所示。

（10）在"图层_1"的第20帧处插入空白关键帧，导入另一幅柯基图像到元件编辑区中，如图6-72所示。

（11）使用同样的方法，分别在"图层_1"的第25帧、第30帧、第35帧处插入空白关键帧，在这些帧中导入柯基图像，在"图层_1"的第40帧处插入帧，如图6-73所示。

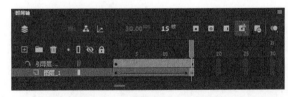

图6-71

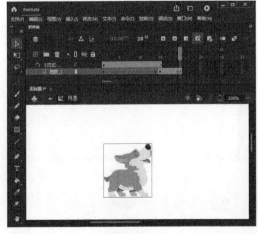

图6-72

图6-73

（12）返回主场景，执行"文件>导入>导入到舞台"菜单命令，将背景图像导入舞台中，如图6-74所示。

（13）新建"图层_2"，打开"库"面板，将影片剪辑元件"柯基"拖曳到舞台中，如图6-75所示。

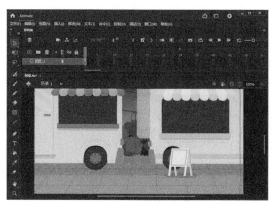
图6-74

图6-75

（14）分别在"图层_1"和"图层_2"的第40帧处插入帧，按Ctrl+Enter组合键，本例完成效果如图6-76所示。

图6-76

## 6.6 课后练习：飞舞的燕子

 案例位置 案例>CH06>飞舞的燕子>飞舞的燕子.fla

 素材位置 素材>CH06>飞舞的燕子>yanzibj.jpg、tu.png

应用本章介绍的知识制作飞舞的燕子动画，完成效果如图6-77所示。

图6-77

# 第 7 章

## 滤镜

Animate 2021提供的滤镜弥补了其在处理图形效果方面的不足，使用户在编辑运动类和烟雾类等图形效果时，可以直接添加滤镜。Animate 2021中的滤镜包括投影、模糊、发光、斜角等，它们能使Animate动画效果更加优美，更加引人注目。

# 7.1 滤镜的类型

在舞台中选择文本、影片剪辑实例或按钮实例，"属性"面板中会显示滤镜参数设置区，如图7-1所示。

在舞台中选择要添加滤镜的对象，在"滤镜"栏中单击"添加滤镜"按钮 ➕，在弹出的下拉列表中可以选择要添加的滤镜。下拉列表中有"投影""模糊""发光""斜角""渐变发光""渐变斜角""调整颜色"等滤镜，如图7-2所示。

图7-1

图7-2

## 7.1.1 投影

"投影"滤镜用于模拟光线照在物体上产生阴影的效果。要应用"投影"滤镜，只需选择影片剪辑实例或文字，然后在"滤镜"下拉列表中选择"投影"滤镜即可，如图7-3所示。"投影"栏中有一些滤镜设置选项。

- 模糊：用于设置投影范围，分为"模糊X"和"模糊Y"，分别控制投影的横向模糊和纵向模糊，单击"链接X和Y属性值"按钮 🔒，可以分别设置"模糊X"和"模糊Y"为不同的数值。
- 强度：用于设置投影的清晰程度，数值越大，投影就越清晰。
- 角度：用于设置光源与源图形间的角度。
- 距离：用于设置源对象与地面的距离，即源对象与投影效果间的距离。
- 阴影：用于设置投影的颜色。
- 挖空：勾选该复选框，可以把产生投影效果的源对象挖去，并保留其所在区域为透明状态，如图7-4所示。

图7-3

- 内阴影：勾选该复选框，可以使阴影产生在源对象所在的区域内，使源对象本身产生立体效果，如图7-5所示。
- 隐藏对象：勾选该复选框，可以将源对象隐藏，只在舞台中显示投影效果，如图7-6所示。
- 品质：用于设置投影的柔化程度，分为"低""中""高"3个档次，档次越高，投影效果就越真实。

图7-4          图7-5          图7-6

## 7.1.2 模糊

    "模糊"滤镜用于使对象的轮廓柔化，变得模糊。通过对"模糊X""模糊Y""品质"等属性进行设置，可以调整模糊效果，如图7-7所示。"模糊"栏中有一些滤镜设置选项。

- 模糊X：用于设置在$x$轴方向上的模糊半径，数值越大，对象模糊程度越高。
- 模糊Y：用于设置在$y$轴方向上的模糊半径，数值越大，对象模糊程度越高。
- 品质：用于设置模糊的程度，分为"低""中""高"3个档次，档次越高，模糊程度就越高，如图7-8所示。

低          中          高

图7-7                 图7-8

## 7.1.3 发光

    "发光"滤镜用于模拟物体发光时产生的照射效果，其作用类似于柔化填充边缘效果，但得到的发光效果更加真实，而且还可以设置发光的颜色，如图7-9所示。"发光"栏中有一些滤镜设置选项。

- 模糊X：用于设置$x$轴方向上的模糊半径，数值越大，对象模糊程度越高。
- 模糊Y：用于设置$y$轴方向上的模糊半径，数值越大，对象模糊程度越高。
- 强度：用于设置发光的清晰程度，数值越大，发光效果就越清晰。
- 颜色：用于设置发光的颜色。
- 内发光：勾选该复选框，可以使发光产生在源对象所在的区域内，使源对象本身产生立体效果，如图7-10所示。
- 挖空：勾选该复选框，将把产生发光效果的源对象挖去，并保留其所在区域为透明状态，如图7-11所示。
- 品质：用于设置发光的程度，分为"低""中""高"3个档次，档次越高，发光效果就越真实。

图7-9

图7-10

图7-11

课堂案例7-1： 办公室

| 案例位置 | 案例>CH07>办公室>办公室.fla |
|---|---|
| 素材位置 | 素材>CH07>办公室> beij.jpg、deng.png |

### 设计思路

本例制作办公室里亮灯的效果，设计思路如下：创建影片剪辑元件，导入吊灯图像，导入背景图像并将其转换为图形元件，设置背景图像的色调，拖曳"灯"影片剪辑元件到主场景中，为其添加"发光"滤镜并设置滤镜效果。

### 案例效果

### 操作步骤

❶启动Animate 2021，新建一个空白文档，执行"修改>文档"菜单命令，打开"文档设置"对话框，在对话框中将"舞台大小"设置为688像素×688像素，如图7-12所示。

❷执行"插入>新建元件"菜单命令，打开"创建新元件"对话框。在"名称"文本框中输入"灯"，在"类型"下拉列表中选择"影片剪辑"选项，单击"确定"按钮，如图7-13所示。

图7-12　　　　　　　　　　　　　　　　　　　　图7-13

❸执行"文件>导入>导入到舞台"菜单命令，将吊灯图像导入元件编辑区中，如图7-14所示。
❹单击 ← 按钮回到主场景，将背景图像导入舞台中，如图7-15所示。

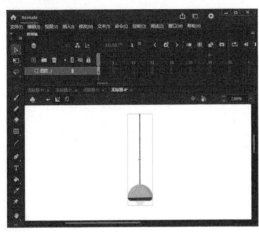

图7-14　　　　　　　　　　　　　　　　　　　　图7-15

❺选择导入的背景图像，按F8键，将其转换为名称为"背景"的图形元件，如图7-16所示。
❻选择舞台中的背景，打开"属性"面板，在"样式"下拉列表中选择"色调"选项，然后选择"黑色"，将"色调"设置为56%，如图7-17所示。

图7-16　　　　　　　　　　　　　　　　　　　　图7-17

❼新建"图层_2"，从"库"面板中将影片剪辑元件"灯"拖曳到舞台中，如图7-18所示。
❽打开"属性"面板，单击"添加滤镜"按钮 ➕，在弹出的菜单中选择"发光"滤镜，如图7-19所示。
❾将"颜色"设置为黄色，将发光的"模糊X"和"模糊Y"都修改为80像素，"品质"设置为"高"，如图7-20所示。
❿保存文件，按Ctrl+Enter组合键，本例完成效果如图7-21所示。

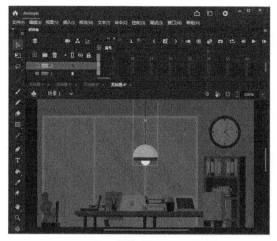
图7-18

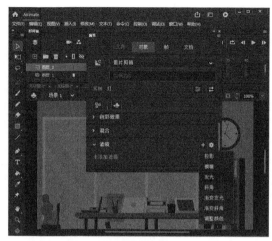
图7-19

图7-20

图7-21

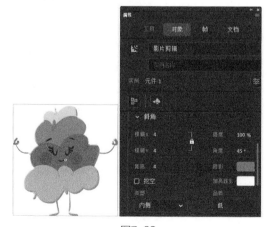

- 内侧：产生的斜角效果只出现在源对象的内部，即源对象所在的区域，如图7-23所示。
- 外侧：产生的斜角效果只出现在源对象的外部，即所有非源对象所在的区域，如图7-24所示。
- 全部：产生的斜角效果将在源对象的内部和外部都出现，如图7-25所示。
- 品质：设置斜角的柔化程度，分为"低""中""高"3个档次，档次越高，斜角效果就越真实。

设置前　　　　　设置后

图7-23

图7-24

图7-25

### 7.1.5 渐变发光

"渐变发光"滤镜在"发光"滤镜的基础上增加了渐变效果，可以通过"属性"面板中的"渐变"色彩条对渐变色进行控制。使用"渐变发光"滤镜时，可以对发出光线的渐变样式进行修改，从而使发光的颜色更丰富，效果更好，如图7-26所示。"渐变发光"栏中有一些滤镜设置选项。

- 模糊：用于设置发光的模糊范围，分为"模糊X"和"模糊Y"，分别控制渐变发光的横向模糊和纵向模糊，单击"链接X和Y属性值"按钮 🔒 ，可以分别设置"模糊X"和"模糊Y"为不同的数值。
- 强度：用于设置发光的清晰程度，数值越大，发光部分就越清晰。
- 角度：用于设置光源与源对象间的角度。
- 距离：用于设置源对象与发光效果间的距离。
- 挖空：勾选该复选框，可以把产生发光效果的源对象挖去，并保留其所在区域为透明状态。
- 渐变：用于设置发光的渐变颜色，通过控制滑块处的颜色及滑块的位置实现渐变效果，并且可以添加或删除滑块，以设计出更丰富的渐变发光效果，如图7-27所示。

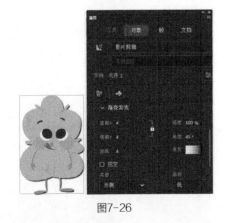

图7-26

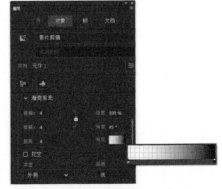

图7-27

- 类型：用于设置渐变发光效果样式，包括"内侧""外侧""全部"3个选项。
- 品质：用于设置发光的柔化程度，分为"低""中""高"3个档次，档次越高，渐变发光效果就越真实。

调整"渐变发光"滤镜"属性"面板中的"渐变"色彩条可以完成对发光颜色的设置，其使用方法与"颜色"面板中色彩条的使用方法相同。

若要更改渐变的颜色,需要从"渐变"色彩条中选择一个颜色滑块,然后单击"渐变"栏下方显示的颜色空间以打开调色板,如图7-28所示。

图7-28

如果拖曳"渐变"色彩条中的滑块,可以调整该颜色在渐变中的级别和位置,应用了该滤镜的图像效果也会随之发生改变,如图7-29所示。

图7-29

要向"渐变"色彩条中添加滑块,只需将鼠标指针移动到"渐变"色彩条的下方,单击即可,如图7-30所示。

提示

添加滑块前

添加滑块后

图7-30

## 7.1.6 渐变斜角

"渐变斜角"滤镜在"斜角"滤镜的基础上添加了渐变功能,使最后产生的效果更丰富,如图7-31所示。"渐变斜角"栏中有一些滤镜设置选项。

- 模糊:用于设置渐变斜角范围,分为"模糊X"和"模糊Y",分别控制渐变斜角的横向模糊和纵向模糊,单击"链接X和Y属性值"按钮🔒,可以分别设置"模糊X"和"模糊Y"为不同的数值。
- 强度:用于设置渐变斜角的清晰程度,数值越大,渐变斜角就越清晰。
- 角度:用于设置光源与源对象间的角度。
- 距离:用于设置源对象与地面的距离,即源对象与渐变斜角效果间的距离。

- 渐变：用于设置斜角的渐变颜色，通过控制滑块处的颜色及滑块的位置实现渐变效果，并且可以添加或删除滑块，以设计出更丰富的渐变斜角效果。
- 挖空：勾选该复选框，可以把产生渐变斜角效果的源对象挖去，并保留其所在区域为透明状态。
- 类型："类型"下拉列表包括3个用于设置渐变斜角效果样式的选项，即"内侧""外侧""全部"。
- 品质：用于设置渐变斜角的柔化程度，分为"低""中""高"3个档次，档次越高，渐变斜角效果就越真实。

图7-31

课堂案例7-2： 热气球

| | |
|---|---|
| 案例位置 | 案例>CH07>热气球>热气球.fla |
| 素材位置 | 素材>CH07>热气球>bj.jpg、reqiqiu.png |

### 设计思路

本例制作热气球缓缓升上天空的动画，设计思路如下：导入背景图像，新建图层，导入热气球图像，将热气球图像转换为影片剪辑元件，添加"渐变斜角"滤镜并设置滤镜效果，创建补间动画。

### 案例效果

### 操作步骤

❶启动Animate 2021，新建一个空白文档，执行"修改>文档"菜单命令，打开"文档设置"

对话框。在对话框中将"舞台大小"设置为544像素×544像素，"舞台颜色"设置为黑色，如图7-32所示。

❷执行"文件>导入>导入到舞台"菜单命令，将背景图像导入舞台中，如图7-33所示。

❸新建"图层_2"，然后将热气球图像导入舞台中，如图7-34所示。

❹选择热气球图像，按F8键将其转换为名称为"元件1"的影片剪辑元件，如图7-35所示。

❺将名称为"元件1"的影片剪辑元件转换为名称为"元件2"的影片剪辑元件，双击进入"元件2"的编辑区，如图7-36所示。

图7-32

图7-33

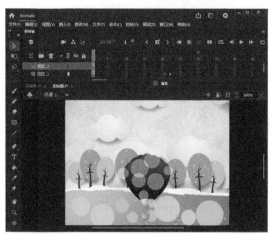

图7-34

图7-35

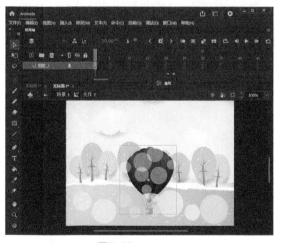

图7-36

 提示　将名称为"元件1"的影片剪辑元件转换为名称为"元件2"的影片剪辑元件，该操作是为了在"元件2"的编辑区内为"元件1"添加"渐变斜角"滤镜。

❻选择热气球，打开"属性"面板，单击"添加滤镜"按钮➕，在打开的下拉列表中选择"渐变斜角"滤镜，如图7-37所示。

❼在"品质"下拉列表中选择"高"选项，然后将"角度"设置为0°，如图7-38所示。

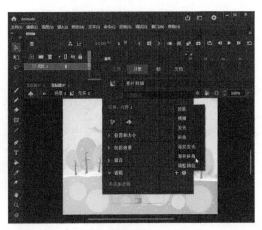

图7-37　　　　　　　　　　　　　　　　　　　图7-38

⑧在"图层_1"的第100帧处插入关键帧，打开"属性"面板，将"角度"设置为360°，如图7-39所示。

⑨将第100帧处的热气球向上拖曳，然后在第1~第100帧之间创建补间动画，如图7-40所示。

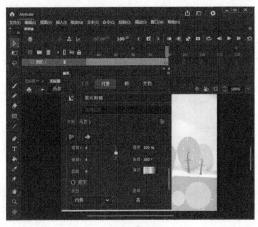
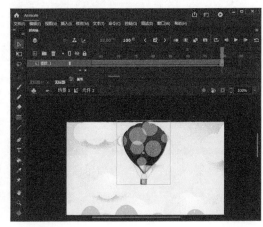

图7-39　　　　　　　　　　　　　　　　　　　图7-40

⑩回到主场景，保存文件，按Ctrl+Enter组合键，本例完成效果如图7-41所示。

图7-41

# 7.2　编辑滤镜

　　在Animate 2021中为对象添加滤镜后，可以通过禁用滤镜和重新启用滤镜来查看对象在添加滤镜前后的对比效果。如果对添加的滤镜效果不满意，则可以将添加的滤镜删除，重新添加其他滤镜。

## 7.2.1 禁用滤镜

在为对象添加滤镜后，可以将添加的滤镜禁用，即不在舞台中显示滤镜效果。既可以同时禁用全部滤镜，也可以单独禁用某个滤镜。下面分别介绍禁用全部滤镜和单独禁用某个滤镜的方法。

#### 1. 禁用全部滤镜

（1）单击"滤镜"右侧的"选项"按钮 ⚙，在打开的下拉列表中选择"禁用全部"选项，如图7-42所示。

（2）可以看到"滤镜"栏中的各滤镜项目右侧都出现了一个 👁 图标，表示所有的滤镜都已经被禁用，舞台中所有应用了滤镜的对象都恢复到添加滤镜前的状态，如图7-43所示。

#### 2. 单独禁用某个滤镜

（1）为舞台中的对象添加滤镜后，"滤镜"栏中会显示添加的滤镜，表示该滤镜已经启用，如图7-44所示。

图7-42

（2）选择要禁用的滤镜，单击"启用或禁用滤镜"图标 👁，此时该图标变为 👁，表示当前滤镜已经被禁用，如图7-45所示。

图7-43

图7-44

图7-45

## 7.2.2 启用滤镜

启用滤镜的方法与禁用滤镜的方法类似，也可分为启用全部滤镜和单独启用某个滤镜两种。下面分别介绍启用全部滤镜和单独启用某个滤镜的方法。

#### 1. 启用全部滤镜

单击"选项"按钮 ⚙，在打开的下拉列表中选择"启用全部"选项，即可重新启用已经被禁用的滤镜，如图7-46所示。这时可以看到"滤镜"栏中滤镜效果右侧的 👁 图标全部变为 👁 图标，表示该滤镜已经被启用，如图7-47所示。

#### 2. 单独启用某个滤镜

在"滤镜"栏中选择被禁用的滤镜，单击"启用或禁用滤镜"图标 👁，此时该滤镜右侧显示 👁 图标，表示启用该滤镜，如图7-48所示。

图7-46

图7-47

图7-48

### 7.2.3 删除滤镜

单击"滤镜"栏中的"删除滤镜"按钮 🗑，可以将选择的滤镜删除，如图7-49所示。删除滤镜后，舞台中添加了该滤镜的对象就会被取消该滤镜效果。

同禁用滤镜和启用滤镜一样，单击"选项"按钮 ⚙，在打开的下拉列表中选择"删除全部"选项，即可将所有的滤镜效果全部删除，如图7-50所示。

图7-49

图7-50

## 7.3 知识拓展

在Animate 2021中可以将编辑完成的滤镜效果保存为一个预设方案，方便以后调用，还可以对保存的预设方案进行重命名和删除等操作。

**1. 保存预设方案**

在"滤镜"栏中可以将编辑好的滤镜方案保存在"选项"下拉列表中，方便下次直接调用。

下面介绍保存预设方案的方法，操作步骤如下。

（1）选择某个滤镜效果，单击"选项"按钮 ⚙，在打开的下拉列表中选择"另存为预设"选项，如图7-51所示。打开"将

图7-51

预设另存为"对话框，如图7-52所示。

（2）在对话框中输入要保存的名称，单击"确定"按钮，如图7-53所示。

（3）单击"选项"按钮 ⚙，在打开的下拉列表中可以看到新添加的预设方案，如图7-54所示。

2. 重命名和删除方案

保存了预设滤镜方案后，还可以对保存的方案重命名。下面介绍重命名预设方案的方法，操作步骤如下。

（1）单击"选项"按钮 ⚙，在打开的下拉列表中选择"编辑预设"选项，打开"编辑预设"对话框，如图7-55所示。

（2）在对话框中双击要重命名的方案，使其变为可编辑状态，然后重新输入名称，单击"确定"按钮，完成重命名操作，如图7-56所示。

图7-52

图7-53

图7-54

图7-55

图7-56

在"滤镜"栏中还可以将保存的预设滤镜方案删除，只需在"编辑预设"对话框中选择要删除的预设方案，然后单击"删除"按钮。

# 7.4 课堂练习：夜晚的城市

案例
位置　案例>CH07>夜晚的城市>夜晚的城市.fla

素材
位置　素材>CH07>夜晚的城市>yewan.jpg

应用本章介绍的知识创建夜晚城市上空悬挂着圆圆的月亮的动画，完成效果如图7-57所示。

（1）启动Animate 2021，新建一个空白文档，执行"修改>文档"菜单命令，打开"文档设置"对话框。在对话框中将"舞台大小"设置为786像素×519像素，如图7-58所示。

图7-57

图7-58

（2）执行"插入>新建元件"菜单命令，打开"创建新元件"对话框。在"名称"文本框中输入"月亮"，在"类型"下拉列表中选择"影片剪辑"选项，单击"确定"按钮，如图7-59所示。

图7-59

（3）使用"椭圆工具"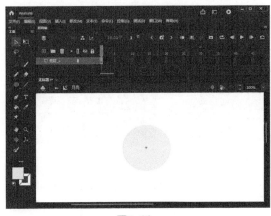在舞台中绘制一个无边框、填充颜色为黄色的椭圆形，如图7-60所示。

（4）回到主场景，将背景图像导入舞台中，如图7-61所示。

图7-60

图7-61

（5）新建"图层_2"，按F11键打开"库"面板，将影片剪辑元件"月亮"拖曳到舞台中，如图7-62所示。

（6）打开"属性"面板，单击"添加滤镜"按钮➕，在打开的下拉列表中选择"发光"滤镜，如图7-63所示。

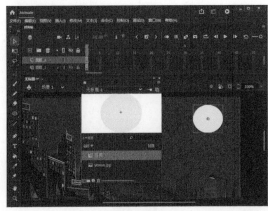

图7-62

图7-63

Animate动画制作案例教程（全彩微课版）

（7）将"颜色"设置为浅黄色，将发光的"模糊X"和"模糊Y"都修改为180像素，"强度"设置为200%，"品质"设置为"高"，如图7-64所示。

（8）保存文件，按Ctrl+Enter组合键，本例完成效果如图7-65所示。

图7-64             图7-65

# 7.5 课后练习：文字流转

| 案例位置 | 案例>CH07>文字流转>文字流转.fla |
|---|---|
| 素材位置 | 素材>CH07>文字流转>t1.jpg |

应用本章介绍的知识制作文字流转动画，完成效果如图7-66所示。

图7-66

# 第 8 章

## 声音和视频

要使Animate动画更加完善、更加引人入胜，只有漂亮的造型、精彩的情节是不够的，还需要为Animate动画添加生动的声音效果，这样不但可以使动画内容更加完整，还有助于表现动画的主题。

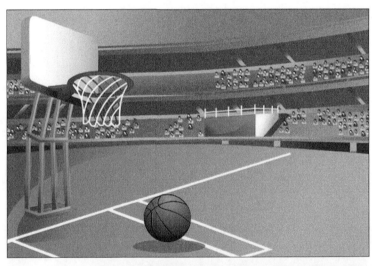

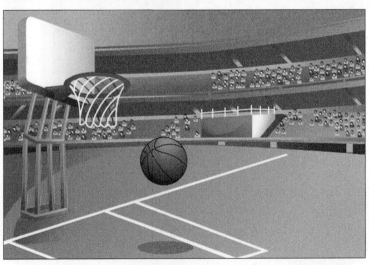

# 8.1 可导入的声音格式

Animate 2021可以处理各种格式的声音文件。本节将介绍哪些格式的声音文件可以被导入Animate 2021中。

在Animate 2021 Windows版本中可以导入大多数格式的声音文件，将声音文件导入Animate 2021中后，可以生成FLA文件。

在Animate 2021中可以导入以下格式的声音文件。

- MP3（MPEG-1 Audio Layer 3）：MP3是一种使用高超的压缩技术的文件格式，它在声音序列的压缩上有突出表现。

  MP3格式是运动图像专家小组（Motion Picture Experts Group，MPEG）开发的，CD音质通常采用的位深度为16位，采样率为44.1kHz，声音大约每秒生成140万位的数据，但是这一秒的声音中包含的很多声音数据是大多数人无法听到的。MP3格式的开发人员通过设计减少链接到细微声音的数据压缩算法，使得在不需要额外的等待时间（加载声音和播放声音之间的延迟）的情况下，通过网络传送高质量的音频变为可能。MP3格式的另一个神秘之处是它使用感知编码技术，该技术可以减少描述声音的重叠和冗余信息的数量。正如后面将要介绍的，Animate 2021的播放器实际上可以缓冲数据流声音（可以从导入Animate 2021中的任何声音文件创建"数据流"声音）。也就是说，可以在下载完整的声音文件之前，就开始在Animate动画中播放声音。Shockwave Audio是基于Macromedia Director的Shockwave影片的默认音频压缩模式，实际上是伪装的MP3格式。

- WAV（Windows Wave）：WAV格式在很长一段时间内是Windows 操作系统上的数字音频的标准，直到出现MP3格式才有所改变。但WAV格式仍是获取声音的主要格式，使用该格式可以从麦克风或计算机上的其他音源录制声音。可以在Animate 2021中导入在声音应用程序和编辑器（如SoundForge或ACID）中创建的WAV文件。导入的WAV文件可以是立体声的，也可以是单声道的，还可以更改文件的位深度和频率。

- QuickTime：如果安装了Quick Time 4或更高版本，则可以将QuickTime音频文件直接导入Animate 2021中。将QuickTime音频文件导入Animate 2021中后，该文件会和任何其他文件一样显示在"库"面板中。

 不要将Animate动画中嵌入的声音作为主声音文件或备份声音文件，而应总是将初始的主声音文件保留为备份声音文件，或者重新用于其他多媒体项目。

这些声音文件的格式基于结构或"体系结构"，这意味着它们仅用于对数字音频进行编码的包装对象，每种声音文件的格式可以使用各种压缩技术或音频编解码器。编解码器是用于数字媒体的压缩和解压缩模块。应用程序或设备，使用特定的技术可以编码和压缩声音及视频。对声音和视频进行编码后，使用有权访问编解码器模块的媒体播放器可以播放（解压缩）它们。要在计算机上播放声音文件，系统上必须安装有该文件使用的音频编解码器，与WAV和ALF文件一样，可以用各种比特率和频率压缩MP3文件。在Animate 2021中导入声音文件后，会去掉包装对象类型（AIF、WAV和AU等）。Animate 2021将声音文件存储为一般的脉冲编码调制（Pulse Code Modulation，PCM）数字音频。另外，Animate 2021还可以将任何导入的8位声音文件转换为16位声音文件。因此，将声音文件导入Animate 2021之前，最好不要对声音文件使用任何预压缩或低位深度。

# 8.2 导入声音文件

Animate动画中的声音，是从导入外部的声音文件得到的。与导入位图的操作一样，执行"文件>导入>导入到舞台"菜单命令，就可以导入声音文件。在Animate 2021中可以直接导入WAV格式、MP3格式、AIFF格式的声音文件，Animate 2021还支持将MID格式的声音文件映射到Animate动画中。

导入声音文件的操作步骤如下。

（1）执行"文件>导入>导入到舞台"菜单命令，打开"导入"对话框，如图8-1所示。

（2）选择要导入的声音文件，单击"打开"按钮，即可将声音文件导入"库"面板中，如图8-2所示。

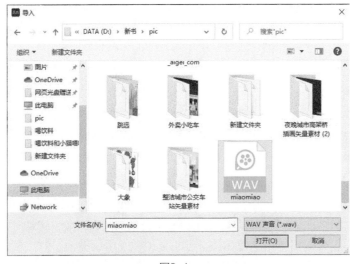
图8-1

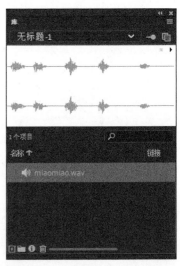
图8-2

导入的声音文件作为一个独立的元件存在于"库"面板中，单击"库"面板预览窗格右上角的"播放"按钮▶，可以播放声音文件。

# 8.3 添加声音

在Animate 2021中，可以将声音添加到时间轴中，也可以将声音添加到按钮元件中。

## 8.3.1 将声音添加到时间轴中

将声音导入"库"面板中后，就可以应用到动画中了。下面结合实例介绍为Animate动画添加声音的操作步骤。

（1）打开一个简单动画，其时间轴的状态如图8-3所示。

（2）执行"文件>导入>导入到舞台"菜单命令，打开"导入"对话框。在"导入"对话框中选择要导入的声音文件，然后单击"打开"按钮，导入声音文件，如图8-4所示。打开"库"面板，可以看到导入Animate 2021中的声音文件已经在"库"面板中了，如图8-5所示。

图8-3

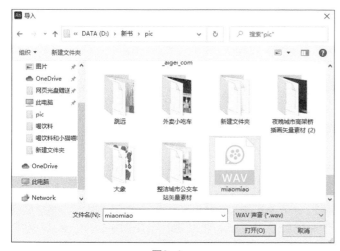

图8-4

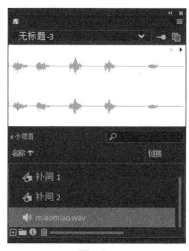

图8-5

（3）新建一个图层来放置声音，并将该图层命名为"声音"，如图8-6所示。

提示

一个图层中可以放置多个声音文件，声音与其他对象也可以被放在同一个图层中。建议声音对象单独使用一个图层，这样便于管理。当播放动画时，所有图层中的声音都将一起播放。

图8-6

（4）选择需要加入声音的帧，这里选择"声音"图层中的第1帧，然后在"属性"面板的"名称"下拉列表中选择刚刚导入Animate动画中的声音文件，如图8-7所示。

（5）将声音添加到时间轴中后，时间轴的状态如图8-8所示。

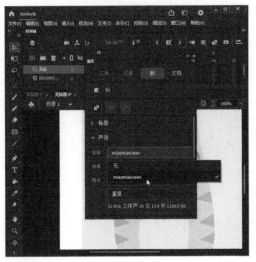

图8-7

图8-8

## 课堂案例8-1：　喝饮料

| | |
|---|---|
| 案例<br>位置 | 案例>CH08>喝饮料>喝饮料.fla |
| 素材<br>位置 | 素材>CH08>喝饮料> bj.jpg、xiaogou.png、hyl.wav |

 **设计思路**

本例制作小狗喝饮料的动画，设计思路如下：导入背景图像，新建图层，导入小狗图像并制作小狗睁眼和闭眼的状态，导入声音文件，将声音添加到时间轴中。

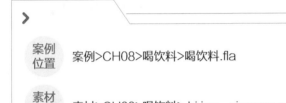 **案例效果**

操作步骤

①启动Animate 2021，新建一个空白文档，执行"修改>文档"菜单命令，打开"文档设置"对话框。在对话框中将"舞台大小"设置为345像素×480像素，"帧频"设置为12，如图8-9所示。

②执行"文件>导入>导入到舞台"菜单命令，将背景图像导入舞台中，如图8-10所示。

图8-9

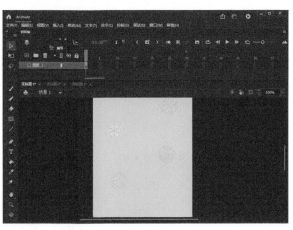

图8-10

③单击"时间轴"面板中的"新建图层"按钮 <img>，新建"图层_2"，将小狗图像导入舞台中，如图8-11所示。

④在"时间轴"面板中单击"新建图层"按钮 <img>，新建"图层_3"，然后使用"椭圆工具" <img> 在第1帧处绘制小狗双眼睁开的形状，如图8-12所示。

图8-11

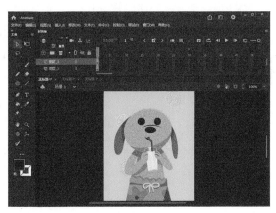

图8-12

⑤分别在"图层_1""图层_2""图层_3"的第15帧处按F5键，插入帧，然后新建"图层_4"，如图8-13所示。

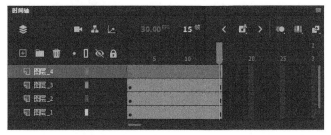

图8-13

⑥在"图层_3"的第8帧处按F7键，插入空白关键帧；然后在"图层_4"的第8帧处按F6键，插入关键帧，在该帧处使用"铅笔工具" ✏ 绘制小狗双眼闭上的形状，如图8-14所示。

⑦执行"文件>导入>导入到库"菜单命令，将一个声音文件导入"库"面板中，如图8-15所示。

⑧新建"图层_5"，选择该图层的第1帧，然后在"属性"面板的"名称"下拉列表中选择刚导入的声音文件，如图8-16所示。

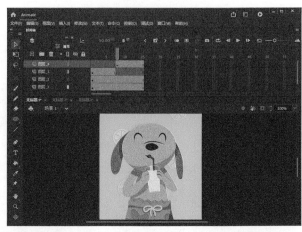

图8-14

图8-15

图8-16

⑨保存文件，按Ctrl+Enter组合键，本例完成效果如图8-17所示。

图8-17

## 8.3.2 将声音添加到按钮元件中

在Animate 2021中，可以使声音与按钮元件的各种状态关联，当按钮元件关联了声音后，该按钮元件的所有实例中将都有声音。

课堂案例8-2：　　小猫喵喵喵

| 案例位置 | 案例>CH08>小猫喵喵喵>小猫喵喵喵.fla |
| --- | --- |
| 素材位置 | 素材>CH08>小猫喵喵喵>bj.jpg、xiaomao.png、miaomiao.wav |

**设计思路**

本例制作当单击小猫时，小猫会发出"喵喵喵"的叫声的效果，设计思路如下：新建按钮元件，导入小猫图像，导入声音文件，在"按下"帧处插入关键帧，添加声音文件，返回主场景，导入背景图像并将按钮元件"小猫"从"库"面板中拖曳到舞台中。

**案例效果**

**操作步骤**

❶启动Animate 2021，新建一个空白文档，执行"修改>文档"菜单命令，打开"文档设置"对话框。在对话框中将"舞台大小"设置为320像素×480像素，"帧频"设置为12，如图8-18所示。

❷执行"插入>新建元件"菜单命令，打开"创建新元件"对话框。在对话框的"名称"文本框中输入元件的名称"小猫"，在"类型"下拉列表中选择"按钮"选项，如图8-19所示。单击"确定"按钮，进入元件编辑区。

❸执行"文件>导入>导入到舞台"菜单命令，将小猫图像导入舞台中，如图8-20所示。

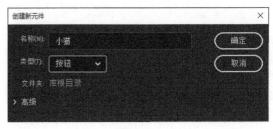

图8-18    图8-19

④ 执行"文件>导入>导入到舞台"菜单命令，弹出"导入"对话框，在对话框中选择一个声音文件，单击"打开"按钮，如图8-21所示。

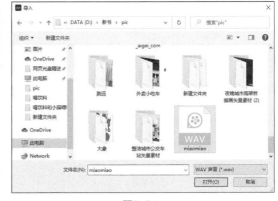

图8-20    图8-21

⑤ 在"图层_1"的"按下"帧处插入关键帧，然后在"属性"面板的"名称"下拉列表中选择刚导入的声音文件，为"按下"帧添加声音，如图8-22所示。

提示    为"按下"帧添加声音，表示在浏览动画时，单击按钮就会发出声音。

⑥ 返回到主场景，执行"文件>导入>导入到舞台"菜单命令，将背景图像导入舞台中，如图8-23所示。

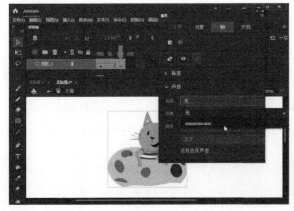

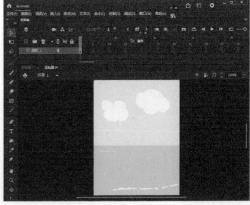

图8-22    图8-23

⑦新建"图层_2",将按钮元件"小猫"从"库"面板中拖曳到舞台中,如图8-24所示。

⑧保存文件,按Ctrl+Enter组合键,本例完成效果如图8-25所示。当单击小猫时,就会播放添加的声音文件。

图8-24

图8-25

为按钮添加音效时,虽然过程并不复杂,但在实际应用中会增加访问者下载页面数据的时间。所以在制作应用于网页的动画时,一定要注意添加的声音文件的大小。

**提示** 在设计过程中,可以将声音放在一个独立的图层中,这样有利于管理不同类型的设计素材资源。

在制作声音按钮时,如果将音乐文件放在按钮的"按下"帧中,则单击按钮时会发出声音。当然,也可以设置按钮在其他状态时的声音,只需在对应状态的帧中拖入声音即可。

## 8.4 编辑声音

### 8.4.1 设置声音播放的效果

在添加了声音的时间轴中选择有声音的帧,在"属性"面板中可以查看该声音的属性,如图8-26所示。在"效果"下拉列表中可以选择要应用的声音效果,其中有8个选项,如图8-27所示。

- 无:不对声音文件应用效果,选择此选项将删除以前应用的效果。
- 左声道:只在左声道中播放声音。
- 右声道:只在右声道中播放声音。
- 向右淡出:播放声音时从左声道逐渐切换到右声道。
- 向左淡出:播放声音时从右声道逐渐切换到左声道。
- 淡入:随着声音的播放逐渐增大音量。
- 淡出:随着声音的播放逐渐减小音量。

图8-26

图8-27

- 自定义：允许使用"编辑封套"创建自定义的声音淡入和淡出点。选择该选项后，会自动打开"编辑封套"对话框，如图8-28所示。在这里可以对声音进行编辑。

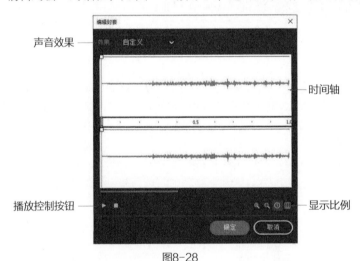
图8-28

- ◆ 声音效果：可以为声音选择不同的效果，与声音"属性"面板的"效果"下拉列表中的效果一样。
- ◆ 时间轴：时间轴两头的滑动头分别是"起始滑动头"和"结束滑动头"，通过拖曳它们可以完成对声音播放长度的截取。
- ◆ 播放控制按钮：播放声音和停止播放声音。
- ◆ 显示比例：可以改变窗口中显示声音的多少与在秒和帧之间切换时间单位。

## 8.4.2 设置声音的属性

向Animate动画中导入声音文件后，该声音文件被放置在"库"面板中，执行下列操作之一可以打开"声音属性"对话框。

- 选择"库"面板中的声音文件，单击鼠标右键，在弹出的快捷菜单中执行"属性"命令。
- 选择"库"面板中的声音文件，单击"库"面板中的■按钮，在打开的下拉列表中选择"属性"选项。

- 选择"库"面板中的声音文件，单击"库"面板下方的"属性"按钮 。

在图8-29所示"声音属性"对话框中，可以对当前声音的压缩方式进行调整，也可以更换声音文件的名称，还可以查看声音属性等信息。

"声音属性"对话框顶部文本框中显示的是声音文件的名称，其下方是声音文件的基本信息，左侧是输入的声音的波形图，右侧是一些功能按钮。

- 更新：可以对声音的原始文件进行连接更新。
- 导入：导入新的声音内容后，新的声音将在元件库中使用原来的文件名称并对其内容进行覆盖。
- 测试：可以对目前的声音元件进行播放测试。
- 停止：可以停止对声音的播放测试。

"声音属性"对话框的"压缩"下拉列表中有5个选项，分别为"默认值""ADPCM""MP3""Raw""语音"。下面对各选项的含义做简要说明。

图8-29

- 默认值：使用全局压缩设置。
- ADPCM：自适应音频脉冲编码。此选项用来设置16位声音数据的压缩，要导出较短的事件声音时可选择此选项，其中包括3项设置，如图8-30所示。

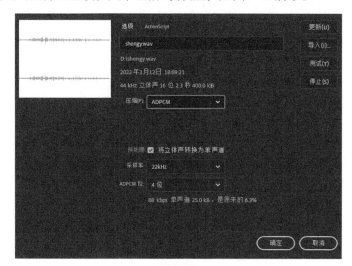

图8-30

♦ 预处理：将立体声转换为单声道，对本来就是单声道的声音无效。

♦ 采样率：用于设置声音的采样频率。5kHz是声音最低的可接受采样率标准，若低于5kHz，人的耳朵将听不见；11kHz是电话音质；22kHz是调频广播音质，也是网络回放的常用标准；44kHz是标准的CD音质。如果动画对声音质量的要求很高，要达到CD音乐的标准，则必须使用44kHz的立体声方式，其每一分钟长度的声音约占10MB磁盘空间，是相当占空间的。因此，既要保持较高的声音质量，又要减小文件的大小，常规的做法是选择22kHz的采样率。

由于Animate 2021不能增强音质，所以如果某段声音是以11kHz的单声道录制的，则该声音在导出时将仍保持11kHz单声道，即使将其采样率更改为44kHz立体声也是无效的。

♦ ADPCM位：用于设置在ADPCM编辑中使用的位数，压缩比越高，声音文件越小，音质也越差。此下拉列表中有4个选项，分别为"2位""3位""4位""5位"，"5位"表示音质最好。

• MP3：如果选择了此选项，则声音文件会以较小的比特率、较大的压缩比率实现CD音质，在需要导出较长的流式声音（例如音乐音轨）时可选择此选项。

• Raw：如果选择了此选项，在导出声音的过程中将不进行任何加工，但是可以设置"预处理"中的"将立体声转换为单声道"选项和"采样率"选项，如图8-31所示。

图8-31

♦ 预处理：在比特率为16kbit/s或更低时，"预处理"的"将立体声转换为单声道"复选框显示为灰色，表示不可用；只有在比特率高于16kbit/s时，此复选框才有效。

♦ 采样率：可以决定由MP3编码器生成的声音的最大比特率。MP3比特率参数只在选择了MP3编码作为压缩选项时才会显示。在导出音乐时，将比特率设置为16kbit/s或更高将获得最佳效果。此选项最小值为8kbit/s，最大值为160kbit/s。

• 语音：如果选择了此选项，则"预处理"将始终显示为灰色，表示不可选状态，"采样率"的设置同ADPCM中"采样率"的设置。

### 8.4.3 更新声音文件

当用户从外部导入声音到元件库中后，如果重新编辑了声音的源文件，可以直接更新声音文件，而不必重新导入一个新的声音文件。

更新声音文件的操作步骤如下。

（1）打开包含声音文件的"库"面板，使用鼠标右键单击声音文件，在弹出的快捷菜单中执行"更新"命令，如图8-32所示。

（2）打开"更新库项目"对话框，如图8-33所示。对话框中显示了需要更新的项目，选择后，单击"更新"按钮即可开始更新。

（3）更新完成后，单击"关闭"按钮，关闭"更新库项目"对话框，完成声音文件的更新。

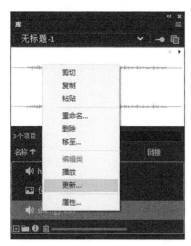

图8-32

图8-33

# 8.5 导入视频文件

Animate 2021可以从其他应用程序中将视频文件导入为嵌入或链接的文件。

## 8.5.1 导入视频文件的格式

在Animate 2021中，并不是所有的视频都能导入库中，如果用户的操作系统中安装了QuickTime 4（或更高版本）或安装了DirectX 7（或更高版本）插件，则可以导入各种格式的视频文件，包括AVI、MOV和MPG/MPEG等文件，还可以将带有嵌入视频的动画文档发布为SWF文件。

如果系统中安装了QuickTime 4，则在Animate 2021中导入视频文件时支持的格式如表8-1所示。

表8-1

| 文件格式 | 扩展名 |
| --- | --- |
| 音频视频交叉 | .avi |
| 数字视频 | .dv |
| 运动图像专家组 | .mpg、.mpeg |
| QuickTime 影片 | .mov |

如果系统中安装了DirectX 7或更高版本，则在Animate中导入视频文件时支持的格式如表8-2所示。

表8-2

| 文件格式 | 扩展名 |
|---|---|
| 音频视频交叉 | .avi |
| 运动图像专家组 | .mpg、.mpeg |
| Windows 媒体文件 | .wmv、.asf |

在有些情况下，Animate 2021可能只能导入视频文件，而无法导入音频文件。例如，系统不支持用QuickTime 4导入的MPG/MPEG文件中的音频。在这种情况下，Animate 2021会显示警告消息，指明无法导入该文件的音频部分，但是仍然可以导入该文件中没有声音的视频部分。

### 8.5.2 认识视频编解码器

在默认情况下，Animate 2021使用Sorenson Spark编解码器导入和导出视频文件。编解码器是一种压缩/解压算法，用于控制导入和导出期间多媒体文件的压缩和解压缩方式。

Sorenson Spark是Animate 2021中的运动视频编解码器，使用户可以向Animate 2021中添加嵌入的视频内容。Sorenson Spark也是高品质的视频编解码器，可以显著降低将视频导入Animate 2021所需的带宽，同时可以提高视频的品质。Sorenson Spark使Animate 2021在视频性能方面取得了重大飞跃。

现在常用的Sorenson Spark版本为标准版，Sorenson Spark标准版包含在Animate 2021和Animate Player中，该编解码器用于解码慢速运动的内容（如人和人之间的谈话）时可以产生高品质的视频。Sorenson Spark标准版由一个编码器和一个解码器组成。编码器（或压缩程序）是用于压缩内容的组件。解码器（或解压缩程序）是对压缩的内容进行解压的组件，包含在Animate Player中。

对于数字媒体，可以应用两种不同类型的压缩：时间压缩和空间压缩。时间压缩可以识别各帧之间的差异，并且只存储这些差异，以便根据帧与前面帧的差异来描述帧，没有更改的区域只简单地重复前面帧中的内容，时间压缩的帧通常称为帧间；空间压缩适用于单个数据帧，与周围的任何帧无关，空间压缩可以是无损的（不丢弃图像中的任何数据）或有损的（有选择地丢弃数据），空间压缩的帧通常称为内帧。

Sorenson Spark编解码器是帧间编解码器，与其他压缩技术相比，Sorenson Spark编解码器的高效帧间压缩功能是其独特之处。它只需比大多数编解码器都要低得多的数据率，就能产生高品质的视频。

帧间编解码器也使用内帧，内帧用作帧间的参考帧（关键帧）。Sorenson Spark编解码器总是从关键帧开始处理，每个关键帧都是后面的帧间的主要参考帧。只要下一帧与上一帧显著不同，该编解码器就会压缩一个新的关键帧。

课堂案例8-3: 创建内嵌视频

| 案例位置 | 案例>CH08>创建内嵌视频>创建内嵌视频.fla |
|---|---|
| 素材位置 | 素材>CH08>创建内嵌视频>ship.mp4 |

**设计思路**

本例创建内嵌视频，设计思路如下：执行"导入视频"菜单命令，选择要导入的视频文件并设置视频播放器的外观，然后保存文件。

**案例效果**

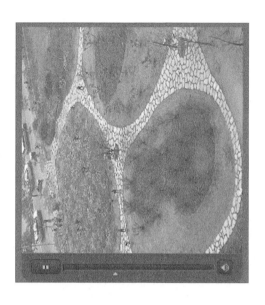

**操作步骤**

① 启动Animate 2021，新建一个空白文档，执行"文件>导入>导入视频"菜单命令，打开"导入视频"对话框，如图8-34所示。

② 单击"浏览"按钮，在弹出的"打开"对话框中选择一个视频文件，单击"打开"按钮，如图8-35所示。

图8-34

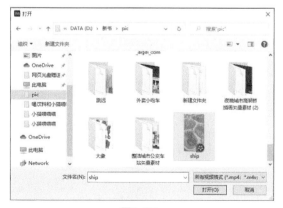

图8-35

③ 单击"下一步"按钮，进入"设定外观"步骤，在"外观"下拉列表中选择一种播放器的外观，如图8-36所示。

④ 单击"下一步"按钮，完成视频导入，然后单击"完成"按钮，如图8-37所示。

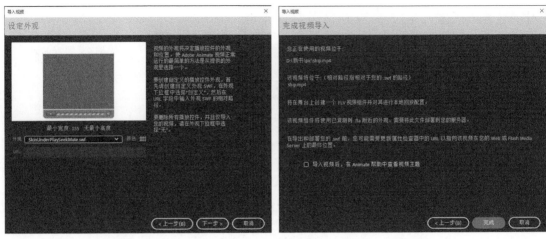

图8-36 图8-37

⑤ 视频文件已经成功导入舞台中，如图8-38所示。

⑥ 保存文件，按Ctrl+Enter组合键，本例完成效果如图8-39所示。

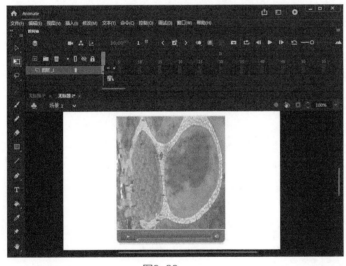

图8-38

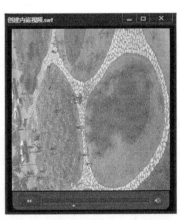

图8-39

# 8.6 知识拓展

向Animate动画中添加声音后，在"属性"面板的"同步"下拉列表中，可以为目前所选关键帧中的声音选择播放同步的类型，对声音在输出动画中的播放进行控制。

## 1. 同步类型

"属性"面板的"同步"下拉列表中有4种同步类型，如图8-40所示。

- 事件：在声音所在的关键帧处开始显示时播放声音，并独立于时间轴中帧的播放状态，即使动画停止也将继续播放声音，直至整个声音播放完毕。
- 开始：效果与"事件"相似，只是如果目前的声音还没有播放完，那么即使时间轴中已经经过了有声音的其他关键帧，也不会播放新的声音内容。
- 停止：时间轴播放到该帧后，停止该关键帧中指定的声音，通常在设置了播放跳转的互动动画中才使用该类型。

- 数据流：选择这种播放同步方式后，Animate 2021将强制动画与音频流的播放同步。如果Animate Player不能足够快地播放动画中的帧内容，系统便跳过阻塞的帧，而声音的播放则会继续进行，并随动画的停止而停止。

2. 声音循环

如果要使声音在动画中重复播放，可以在"属性"面板的"同步"下拉列表中选择"事件"选项，然后在其下面的下拉列表中对关键帧上的声音进行设置。

- 重复：用于设置该关键帧上的声音重复播放的次数，如图8-41所示。
- 循环：可以使该关键帧上的声音不停地循环播放，如图8-42所示。

图8-40

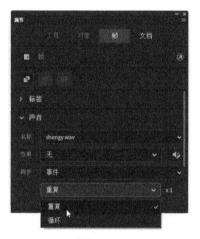

图8-41

图8-42

提示

如果使用"数据流"的方式对关键帧中的声音进行同步设置，则不宜为声音设置重复或循环播放的效果。因为音频流被重复播放时，会在时间轴中添加同步播放的帧，这样文件就会随声音重复播放的次数增大。

## 8.7 课堂练习：篮球

> 
案例
位置　案例>CH08>篮球>篮球.fla

素材
位置　素材>CH08>篮球>bj.jpg、篮球.png、1.mp3

应用本章介绍的知识制作一个篮球在球场上弹跳的动画，并伴有篮球撞击地板的声音，完成效果如图8-43所示。

图8-43

（1）启动Animate 2021，新建一个空白文档，执行"修改>文档"菜单命令，打开"文档设置"对话框。在对话框中将"舞台大小"设置为600像素×400像素，如图8-44所示。

（2）执行"文件>导入>导入到舞台"菜单命令，将背景图像导入舞台中，如图8-45所示。

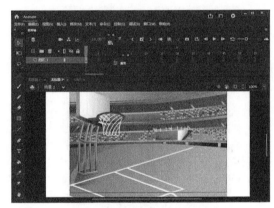

图8-44　　　　　　　　　　　　　　　　　　　　图8-45

（3）执行"插入>新建元件"菜单命令，打开"创建新元件"对话框，然后在"名称"文本框中输入"篮球"，在"类型"下拉列表中选择"影片剪辑"选项，如图8-46所示。

（4）单击"确定"按钮，进入影片剪辑元件"篮球"的编辑区，将篮球图像导入编辑区中，如图8-47所示。

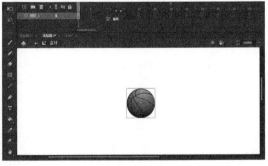

图8-46　　　　　　　　　　　　　　　　　图8-47

（5）在"图层_1"的第20帧处插入关键帧，使用"任意变形工具"▣将该帧处的篮球纵向缩小，然后在第1～第20帧之间创建动作补间动画，如图8-48所示。

（6）在"图层_1"的第24帧处插入关键帧，使用"任意变形工具"▣将该帧处的篮球恢复初始大小，然后在第20～第24帧之间创建动作补间动画，如图8-49所示。

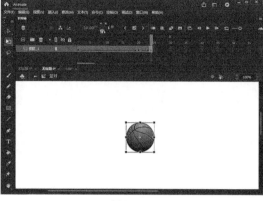

图8-48                                              图8-49

（7）在"图层_1"的第40帧处插入关键帧，将该帧处的篮球向上拖曳，然后在第24～第40帧之间创建动作补间动画，如图8-50所示。

（8）新建"图层_2"，将其拖曳到"图层_1"的下层，使用"椭圆工具" ◎ 在篮球的下方绘制一个无边框、填充颜色为浅灰色的椭圆形作为篮球的阴影，如图8-51所示。

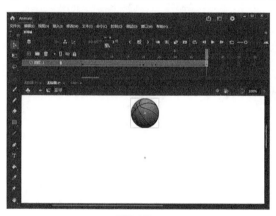

图8-50                                              图8-51

（9）选择绘制的椭圆形，按F8键将其转换为图形元件，名称保持默认设置，如图8-52所示。

（10）选择阴影，在"属性"面板中将"Alpha"设置为80%，如图8-53所示。

图8-52

图8-53

（11）在"图层_2"的第20帧处插入关键帧，使用"任意变形工具" ⛶ 将该帧处的阴影横向放大，然后在第1～第20帧之间创建动作补间动画，如图8-54所示。

（12）在"图层_2"的第24帧处插入关键帧，使用"任意变形工具" ![icon] 将该帧处的阴影横向缩小一点，然后在第20～第24帧之间创建动作补间动画，如图8-55所示。

图8-54                                                图8-55

（13）在"图层_2"的第40帧处插入关键帧，使用"任意变形工具" ![icon] 将该帧处的阴影横向缩小，然后在第24～第40帧之间创建动作补间动画，如图8-56所示。

（14）执行"文件>导入>导入到库"菜单命令，将声音文件导入"库"面板中，如图8-57所示。

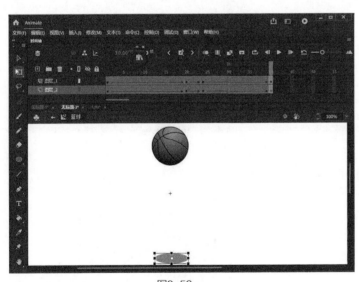

图8-56                                                图8-57

（15）新建"图层_3"，选择该图层的第1帧，然后在"属性"面板的"名称"下拉列表中选择刚导入的声音文件，如图8-58所示。

（16）返回主场景，新建"图层_2"，从"库"面板中将影片剪辑元件"篮球"拖曳到舞台中，如图8-59所示。

（17）保存文件，按Ctrl+Enter组合键，本例完成效果如图8-60所示。

图8-58

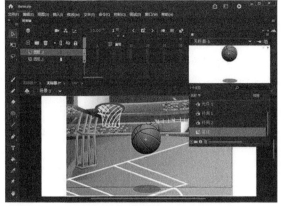

图8-59

图8-60

# 8.8 课后练习：马路上的汽车

| 案例位置 | 案例>CH08>马路上的汽车>马路上的汽车.fla |
| --- | --- |
| 素材位置 | 素材>CH08>马路上的汽车>bj.jpg、1.png、laba.wav |

应用本章介绍的知识制作汽车在马路上行驶的动画，当单击汽车时喇叭会响起来，完成效果如图8-61所示。

图8-61

第 **9** 章　脚本

ActionScript 3.0是Animate 2021的脚本语言，它极大地丰富了Animate动画的形式，同时也给创作者提供了无限的创意空间。创作者可以使用它制作具有交互性的动画。本章将重点介绍脚本语言的语法、函数、变量、运算符及常见指令。

## 9.1 Animate 2021中的脚本语言

Animate 2021中的脚本语言强化了编程功能，进一步完善了各项操作细节，让用户更加得心应手。Animate 2021中使用的脚本语言为3.0版本，ActionScript 3.0能帮助用户轻松实现对动画的控制，以及修改对象属性等操作，还可以进行必要的数值计算，以及对动画中的音效进行控制等。只要能灵活运用这些功能并配合Animate动画内容进行设计，想做出任何互式的网站或网页上的游戏，都不再是一件困难的事情了。

ActionScript 3.0是一门功能强大、符合业界标准的面向对象的编程语言。它是Animate系列软件编程语言的里程碑，是用来开发富应用程序（Rich Internet Applications，RIA）的重要语言。

ActionScript 3.0在用于脚本编写的国际标准化编程语言ECMAScript的基础之上做了改进，可为开发人员提供用于编写RIA的可靠的编程模型。开发人员可以使程序获得卓越的性能并简化开发过程，便于利用非常复杂的应用程序、大的数据集，以及面向对象的、可重复使用的基本代码。

最初在Animate系列软件中引入脚本语言是为了实现对Animate动画的播放控制。而脚本语言发展到今天，已经被广泛应用于多个领域，能够实现丰富的效果。

结合使用ActionScript 3.0与Animate 2021，可以创建各种应用特效，实现丰富多彩的、更加人性化的、更具弹性效果的动画。

 提示　在Animate 2021中，使用ActionScript 3.0编写代码的方式有两种：一是利用"动作"面板在时间轴上编写代码；二是在外部类文件中编写代码。在Animate 2021中，代码不能再添加在影片剪辑和按钮上，所有的程序代码都写在时间轴或单独的脚本文件里面，这样便于组织和管理代码。ActionScript 3.0的设计思想就是将代码和设计分开。

## 9.2 Animate 2021中的"动作"面板

如果要在Animate 2021中编写脚本代码，可以直接使用"动作"面板。

### 9.2.1 认识动作面板

执行"窗口>动作"菜单命令或按F9键，打开"动作"面板，如图9-1所示。

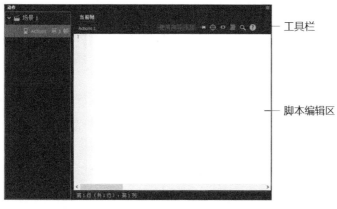

图9-1

### 1. 工具栏

工具栏中有一些创建代码时常用的工具。

- 固定脚本 ┗┓: 单击此按钮可以固定显示脚本内容。
- 插入实例路径和名称 ⊕: 单击此按钮可以打开"插入目标路径"对话框, 如图9-2所示。在该对话框中可以选择需要添加动作脚本的对象。
- 代码片断 ◁▷: 单击此按钮可以打开"代码片断"面板, 如图9-3所示。在该面板中可以直接将脚本代码添加到 FLA文件中, 实现常见的交互功能。

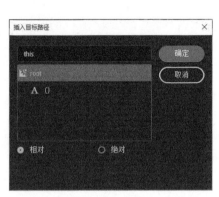

图9-2

图9-3

- 设置代码格式 ▤: 单击此按钮可以设置脚本代码的格式。
- 查找 🔍: 单击此按钮可以对脚本编辑区中的动作脚本内容进行查找和替换, 如图9-4所示。
- 帮助 ❓: 单击此按钮可以打开"帮助"面板, 查看对动作脚本的用法、参数、相关说明等。

### 2. 脚本编辑区

在脚本编辑区中, 用户可以直接输入脚本代码, 如图9-5所示。

图9-4

图9-5

## 9.2.2 面向对象编程概述

ActionScript 3.0是为面向对象编程而设计的一种脚本语言。下面简单介绍面向对象编程的基本概念。

面向对象编程的英文为Object Oriented Programming，简写为OOP，是一种计算机编程架构。

程序是为实现特定目标或者解决特定问题而用计算机语言编写的命令序列的集合。它可以是用一些高级程序设计语言编写的可执行文件，也可以是在一些应用软件中制作的可执行文件，例如用Animate 2021编译之后的SWF文件。

编程是指为了实现某种目的或需求，使用不同的程序设计语言设计、编写的可执行文件。

# 9.3 语法

语法可以理解为规则，即正确构成编程语句的方式。编译器无法识别错误的语法，只有使用正确的语法来构成语句，才能使代码正确地编译和运行。这里的语法是指编程所用的语言的语法和拼写规则。

## 9.3.1 分号和冒号

分号常用来作为语句的结束，以及分隔循环中的参数。
ActionScript 3.0的语句以分号";"结束，如以下代码所示。

```
var myNum:Number = 50;
myLabel.height = myNum;
```

注意，使用分号终止语句能够在单行中放置不止一条语句，但是这样做往往会使代码难以阅读。
分号还可以用在for循环中，作用是分隔for循环的参数，如以下代码所示。

```
var i:Number;
for (i = 0; i < 10; i++) {
    trace(i); // 0,1,...,9
}
```

## 9.3.2 括号

括号通常用来对代码进行划分。ActionScript 3.0中的括号包含两种："{}"（大括号）和"()"（小括号）。无论大括号还是小括号，都需要成对使用。

### 1. 大括号

使用大括号可以将ActionScript 3.0中的事件、类定义和函数组合成代码块。ActionScript 3.0中的包、类、方法均以大括号作为开始和结束的标记。控制语句（如if…else或for）利用大括号区分不同条件的代码块。下面的例子使用大括号为if语句区别代码块，避免发生歧义。

```
var num:Number;
if (num == 0) {
    trace("输出为0");
}
```

### 2. 小括号

小括号的用途很多，例如保存参数、改变运算顺序等。
保存参数的示例代码如下。

```
myFunction("Carl", 78, true);
```

改变运算顺序的示例代码如下。

```
var x:int = (3+4)*7;
```

### 9.3.3 文本

文本是直接出现在代码中的值。例如true、false、0、1、52，以及字符串abcdefg。下面列出的都是文本。

```
17
"hello"
-3
9.4
null
undefined
true
false
```

文本还可以组合起来构成复合文本。下面的例子使用文本对数组进行初始化。

```
var myStrings:Array = new Array("alpha", "beta", "gamma");
var myNums:Array = new Array(1, 2, 3, 5, 8);
```

### 9.3.4 注释

注释是一种对代码进行注解的方法，编译器不会把注释识别成代码。添加了注释的脚本程序更易于理解。

注释的标记为"/**/"和"//"。使用"//"创建单行注释，使用"/**/"创建多行注释。

**1. 单行注释**

单行注释用于为代码中的单行添加注释。示例代码如下。

```
var myAge:Number = 26;    //表示年龄的变量
```

**2. 多行注释**

对于长度为几行的注释，可以设计为多行注释（又称"块注释"）。示例代码如下。

```
/*
多行注释1
多行注释2
/*
```

### 9.3.5 关键字与保留字

在ActionScript 3.0中，不能使用关键字和保留字作为标识符，即不能使用关键字和保留字作为变量名、方法名、类名等。保留字包括关键字，如果将关键字用作标识符，则编译器会报告一个错误。表9-1中列出了ActionScript 3.0中的关键字。

表9-1

| | | | |
|---|---|---|---|
| as | break | case | catch |
| class | const | continue | default |
| delete | do | else | extends |
| false | finally | for | function |
| if | implements | import | in |
| instanceof | interface | internal | is |
| native | new | null | package |
| private | protected | public | return |
| super | switch | this | throw |
| to | true | try | typeof |
| use | var | void | while |
| with | | | |

## 9.3.6 常量

常量是指具有固定值的属性。ActionScript 3.0新加入了const关键字来创建常量。在创建常量的同时，需要为常量赋值。创建常量的格式如下。

```
const 常量名:数据类型 = 常量值;
```

下面的例子为定义常量后，在方法中使用常量。

```
public const i:Number=3.1415986;      //定义常量
public function myWay()
{
trace(i);                             //输出常量
}
```

## 9.3.7 变量

变量是程序的重要组成部分，用来暂时存储所需的数据资料。只要设置变量名称与内容，就可以创建一个变量。变量可以用于记录和保存用户的操作信息、输入的资料，记录播放动画时的剩余时间，或判断条件是否成立等。

在脚本中定义一个变量后，需要为它赋一个已知的值，即变量的初始值。这个过程称为初始化变量，通常在创建变量时完成。变量可以存储包括数值、字符串、逻辑值、对象等任意类型的数据，如URL、用户名、数学运算结果、事件的发生次数等。在为变量赋值时，变量的数据类型会影响该变量值的变化。

### 1. 变量命名规则

为变量命名必须遵守以下规则。

- 变量名必须以英文字母a至z开头，不区分大小写。
- 变量名不能有空格，但可以使用"_"。
- 变量名不能与动作中使用的命令名称相同。
- 变量名在变量的作用范围内必须是唯一的。

### 2. 变量的数据类型

当用户为变量赋值时，系统会自动根据所赋的值来确定变量的数据类型。例如，在表达式"x＝1"中，系统会识别运算符右边的元素，确定它属于数值类型，从而通过赋值操作确定"x"的类型。又如，在"x＝help"中，系统会把"x"的类型设为字符串类型，未被赋值的变量，其数据类型为undefined（未定义）。

在接收到表达式的请求时，ActionScript 3.0可以自动对数据类型进行转换。在包含运算符的表达式中，ActionScript 3.0会根据运算规则，对表达式进行数据类型的转换。例如，当表达式中的一个操作数是字符串时，运算符要求另一个操作数也是字符串。请看以下表达式。

```
"where are you:+007"
```

这个表达式中使用的"＋"（加号）是数学运算符，ActionScript 3.0将把数值007转换为字符串"007"，并把它添加到第1个字符串的末尾，生成下面的字符串。

```
"where are you 007"
```

使用函数Number，可以把字符串转换为数值；使用函数String，可以把数值转换为字符串。

### 3. 变量的作用范围

变量的作用范围是指脚本中能够识别和引用指定变量的区域。ActionScript 3.0中的变量可以分为全局变量和局部变量。全局变量可以在整个动画的所有位置被调用，其变量名在动画中是唯一的。局部变量只在它被创建的大括号范围内有效，所以在不同元件对象的脚本中可以设置同样名称的变量而不发生冲突。

### 4. 变量的声明

变量必须先声明后使用，否则编译器就会报错。道理很简单，例如一个人现在要去喝水，那么他先要有一个杯子，否则就无法装水。声明变量的原因与此类似。

ActionScript 3.0中使用var关键字来声明变量，格式如下。

```
var 变量名:数据类型;
var 变量名:数据类型=值;
```

要为变量声明一个初始值，需要添加一个"＝"（等号）并在其后输入相应的值，值的数据类型必须和前面变量的数据类型一致。

## 9.4 运算符

ActionScript 3.0的运算符包括赋值运算符、算术运算符、算术赋值运算符、按位运算符、比较运算符、逻辑运算符和字符串运算符等。下面分别进行介绍。

### 9.4.1 赋值运算符

使用赋值运算符可将符号右边的值指定给符号左边的变量，赋值运算符只有等号"＝"。

"＝"右边的值可以是基元数据类型，也可以是表达式、函数返回值或对象的引用，"＝"左边的对象必须为一个变量。

使用赋值运算符的正确方式如下。

```
var a:int=80; //声明变量并赋值
var b:String;
b="boss"; //对已声明的变量赋值
A= 2+9-6; //将表达式赋给A
var a:object=d; //将d持有对象的引用赋给a, a、d将会指向同一个对象
```

### 9.4.2 算术运算符

算术运算符是指可以对数值、变量进行计算的各种运算符号。算术运算符包括 "+"（加法）、"－－"（递减）、"/"（除法）、"++"（递增）、"%"（取模）、"*"（乘法）和 "–"（减法）。

### 9.4.3 算术赋值运算符

使用算术赋值运算符只需设置两个操作数，根据一个操作数的值对另一个操作数进行赋值。算术赋值运算符包括 "+="（加赋值）、"－="（减赋值）、"*="（乘赋值）、"/="（除赋值）和 "%="（取余赋值）。

### 9.4.4 按位运算符

按位运算符包括 "&"（按位AND）、"<<"（按位向左移位）、"~"（按位NOT）、"|"（按位OR）、">>"（按位向右移位）、">>>>"（按位无符号向右移位）和 "^"（按位XOR）。

### 9.4.5 比较运算符

比较运算符用于进行变量与数值间、变量与变量间的比较。比较运算符包括 "=="">"">="">"!=""<""<="" = = =""!= ="。

### 9.4.6 逻辑运算符

使用逻辑运算符可以对数字、变量等进行比较，然后将它们的交集或并集作为输出结果。逻辑运算符包括 "&&"（与）、"||"（或）和 "!"（非）。

### 9.4.7 字符串运算符

使用字符串运算符可以连接字符串或为字符串赋值等。字符串运算符包括 "+""+="""""。

## 9.5 语句、关键字和指令

语句是在程序运行时执行或指定动作的语言元素。例如，return 语句用于为执行该语句的函数返回一个结果；if 语句用于对条件进行计算，以确定应采取的下一个动作；switch 语句用于创建 ActionScript 语句的分支结构。

属性关键字用于更改定义的含义，可以应用于类、变量、函数和命名空间定义。定义关键

字用于定义实体，例如变量、函数、类和接口。

## 9.5.1 语句

语句是在程序运行时执行或指定动作的语言元素，常用的语句包括break、case、continue、default、do...while、else、for、for each...in、for...in、if、label、return、super、switch、throw、try...catch..finally、while、with等，具体说明如下。

- break：出现在循环（for、for...in、for each...in、do...while、while）内，或出现在与switch语句中的特定情况相关联的语句块内。
- case：定义 switch 语句的跳转目标。
- continue：跳过最内层循环中所有其他的语句并开始循环的下一次遍历。
- default：定义 switch 语句的默认情况。
- do...while：与 while 循环类似，不同之处在于此循环在对条件进行初始计算前会执行一次循环语句。
- else：指定当 if 语句中的条件返回 false 时运行的语句。
- for：计算一次 init（初始化）表达式，然后开始一个循环序列。
- for each...in：遍历集合的项目，并对每个项目执行 statement。
- for...in：遍历对象的动态属性或数组中的元素，并对每个属性或元素执行 statement。
- if：计算条件以确定下一条要执行的语句。
- label：将语句与可由 break 或 continue 引用的标识符关联。
- return：用于返回计算结果。
- super：调用方法或构造函数的超类或父级。
- switch：根据表达式的值，使控制转移到多条语句的其中一条。
- throw：生成或引发一个可由 catch 代码块处理或捕获的错误。
- try...catch...finally：包含一个代码块，代码块执行时可能会发生错误，然后对该错误进行响应。
- while：计算一个条件，如果该条件的计算结果为 true，则会执行一条或多条语句，之后循环会返回并再次计算条件。
- with：建立要用于执行一条或多条语句的默认对象，从而潜在地减少需要编写的代码量。

## 9.5.2 定义关键字

定义关键字用于定义变量、函数、类和接口等实体对象，包括... (rest) parameter、class、const、extends、function、get、implements、interface、namespace、package、set、var等。

## 9.5.3 属性关键字

属性关键字用于更改类、变量、函数和命名空间定义的含义，包括dynamic、final、internal、native、override、private、protected、public、static等。

## 9.5.4 指令

指令是指在编译或运行程序时起作用的语句和定义，包括default xml namespace、import、include、use namespace等。

# 9.6 程序设计

本节将介绍ActionScript 3.0的基本语句，以及程序设计的一般过程。先介绍一下程序控制的逻辑运算，然后着重介绍条件语句和循环语句。

## 9.6.1 逻辑运算

在程序设计的过程中，要达到程序的目的，必须进行逻辑运算。因为只有进行逻辑运算，才能控制程序不断向要达到的目标前进，直到最后实现目标。

逻辑运算又称为布尔运算，通常用来测试真假值。逻辑运算主要使用条件表达式进行判断，如果符合条件，则返回true，如果不符合条件，则返回false。

条件表达式中最常见的形式就是利用关系运算符进行操作数比较，进而得到判断条件。当然，有的情况下需要控制的条件比较多，那么就需要使用逻辑表达式进行逻辑运算，得到一个组合条件，并控制最后的输出结果。

常见的条件表达式举例如下。

- （a>0）：表示判断条件为a大于0，若是则返回true，否则返回false。
- （a==b）&&（a>0）：表示判断条件为a大于0，并且a与b相等，若是则返回true，否则返回false。
- （a==b）||（a>0）：表示判断条件为a大于0，或者a与b相等，若是则返回true，否则返回false。

## 9.6.2 程序的3种结构

在程序设计的过程中，需要安排每一句代码执行的先后次序。这个先后执行的次序被称为结构。常见的程序结构有3种：顺序结构、选择结构和循环结构。下面逐一介绍这3种程序结构的概念和流程。

1. 顺序结构

顺序结构最简单，就是按照代码的顺序，一句一句地执行代码，即程序直接从第一句运行到最后一句，中间没有中断，没有分支，没有循环。

ActionScript代码中的简单语句都按照顺序结构进行处理。示例代码如下。

```
//执行第一句代码，初始化一个变量
var a:int;
//执行第二句代码，为变量a赋数值1
a=1;
//执行第三句代码，变量a执行累加运算
a++;
```

2. 选择结构

当程序有多种可能的选择时，就要使用选择结构。下一步执行哪一条语句（或语句块），要根据条件表达式的计算结果而定。选择结构如图9-6所示。

3. 循环结构

循环结构就是多次执行同一组代码，重复的次数由一个数值或条件来决定。循环结构如图9-7所示。

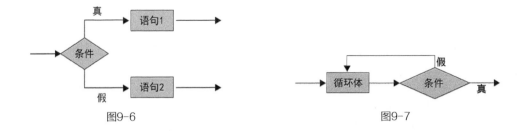

图9-6                                   图9-7

## 9.6.3 选择程序的结构

选择程序的结构就是利用不同的条件去执行不同的语句或者代码。ActionScript 3.0有3种用来控制程序流的基本条件语句，分别为if...else条件语句、if...else if条件语句、switch条件语句。下面分别进行介绍。

**1. if...else 条件语句**

if...else条件语句用于判断一个控制条件，如果该条件成立，则执行一个代码块，否则执行另一个代码块。

if...else条件语句的基本格式如下。

```
if(表达式){
    语句1;
}
else
{
    语句2;
}
```

**2. if...else if条件语句**

if...else条件语句执行的操作最多只有两种选择，如果有更多的选择，就可以使用if...else if条件语句。

if...else if条件语句的基本格式如下。

```
if(表达式1){
    语句1;
}
else if(表达式2){
    语句2;
}
else if(表达式3){
    语句3;
}
...

else if(表达式n){
    语句n;
}
else{
    语句m;
}
```

### 3. switch条件语句

switch条件语句相当于一系列的if...else if条件语句，但是switch条件语句要清晰得多。switch条件语句不是对条件进行判断以获得布尔值，而是对表达式进行求值并使用计算结果来确定要执行的代码块。

switch条件语句的基本格式如下。

```
switch (表达式) {
    case:
      语句1;
      break;
    case:
      语句2;
      break;
    case:
      语句3;
      break;
    default:
       默认执行的语句;
}
```

## 9.6.4 循环程序的结构

在现实生活中有很多重复进行的操作，在程序中就是要重复执行的某些代码。其中重复执行的代码被称为循环体，能否重复执行，取决于循环的控制条件。循环语句由循环体和控制条件两部分组成。

循环程序的结构一般有以下两种。

第1种：先进行条件判断，若条件成立，则执行循环体代码，执行完之后再进行条件判断，条件成立则继续循环，否则退出循环；若第一次条件就不成立，则一次也不执行循环体代码，直接退出。

第2种：先执行一次循环体代码，不管条件，执行完成之后进行条件判断，若条件成立，则继续循环，否则退出循环。

### 1. for循环语句

for循环语句是ActionScript 3.0中最灵活、应用最广泛的语句之一。for循环语句的语法格式如下。

```
for(初始化;循环条件;步进语句) {
    循环执行的语句
}
```

格式说明如下。

- 初始化：对循环体中需要使用的变量进行初始化。注意要使用var关键字来定义变量，否则编译时会报错。
- 循环条件：逻辑运算表达式，运算的结果决定循环的进程。若为false，则退出循环，否则继续执行循环体代码。
- 步进语句：算术表达式，用于改变循环变量的值。通常为使用"++"（递增）或"－－"（递减）运算符的赋值表达式。
- 循环执行的语句：循环体，通过不断改变变量的值，以达到需要实现的目标。

示例代码如下。

167

```
var box:Array=new Array("a","b","c","d");
var targetBookNume="b";
for(var i:uint=0;i<box.length;i++){
if(box[i]==targetBookNume){
trace("yes")
}else{
trace("no")
}
}
```

输出结果如图9-8所示。

图9-8

### 2. while循环语句

while循环语句是典型的"当型循环"语句,意思是当满足条件时,执行循环体代码。while循环语句的语法格式如下。

```
while(循环条件) {
    循环执行的语句
}
```

格式说明如下。

- 循环条件:逻辑运算表达式,运算的结果决定循环的进程。
- 循环执行的语句:循环体,其中包括变量改变赋值表达式,执行语句并实现变量赋值。

示例代码如下。

```
var box:Array=new Array("a","b","c","d");
var targetBookNume="c";
var i:uint=0;
while(i<box.length){
if(box[i]==targetBookNume){
trace("yes")
}else{trace("no")
}i++
};
```

输出结果如图9-9所示。

图9-9

### 3. do...while循环语句

do...while循环语句是另外一种while循环语句，它保证至少执行一次循环体代码，这是因为它在执行循环体代码后才会检查循环条件。do...while循环语句的语法格式如下。

```
do {
    循环执行的语句
} while (循环条件)
```

格式说明如下。

- 循环执行的语句：循环体，其中包括变量改变赋值表达式，执行语句并实现变量赋值。
- 循环条件：逻辑运算表达式，运算的结果决定循环的进程。若为true，则继续执行循环体代码，否则退出循环。

示例代码如下。

```
var box:Array=["a","b","c","d"];
var targetBookNume:String="c";
var i:uint=0;
do{
if(box[i]==targetBookNume){
trace("yes");
}else{
trace("no")
};i++
}
while(i<box.length);
```

输出结果如图9-10所示。

图9-10

### 4. 循环的嵌套

嵌套循环语句就是一个循环的循环体中存在另一个循环体，即循环中的循环。以for循环为例，嵌套循环语句的格式如下。

```
for (初始化; 循环条件; 步进语句) {
    for (初始化; 循环条件; 步进语句) {
        循环执行的语句;
    }
}
```

示例代码如下。

```
for(var i:int;i<10;i++){
        for(var j:int=0;j<10;j++){
```

```
                        trace(i,j);
            }
      }
```

输出结果如图9-11所示。

图9-11

# 9.7 函数

函数（Function）在程序设计的发展过程中是一个革命性的创新。利用函数编程，可以避免冗长、杂乱的代码；利用函数编程，可以重复利用代码，提高程序效率；利用函数编程，可以便利地修改程序，提高编程效率。

函数的准确定义为：执行特定任务，并可以在程序中重用的代码块。

## 9.7.1 定义函数

ActionScript 3.0有两种定义函数的方法：一种是常用的函数语句定义法；另一种是ActionScript独有的函数表达式定义法。具体使用哪一种方法来定义函数，可以根据自己的编程习惯来选择。一般的编程人员使用函数语句定义法，有特殊需求的编程人员则使用函数表达式定义法。

### 1. 函数语句定义法

函数语句定义法使用function关键字来定义函数，格式如下。

```
function 函数名(参数1:参数类型,参数2:参数类型,…):返回类型{
函数体
}
```

格式说明如下。

- function：定义函数使用的关键字，注意function关键字要以小写字母开头。
- 函数名：定义的函数名称，要符合变量命名的规则，最好给函数定义一个能表现其功能的名称。
- 小括号：定义函数的必需格式，小括号内的参数和参数类型都可选。
- 返回类型：定义函数的返回类型，是可选参数，要设置返回类型，冒号和返回类型必须成对出现，而且返回类型必须是存在的类型。
- 大括号：定义函数的必需格式，需要成对出现，括起来的是函数定义的程序内容，是调用函数时执行的代码。

**2. 函数表达式定义法**

函数表达式定义法有时也称为函数字面值或匿名函数。这是一种较为复杂的方法，在ActionScript的早期版本中广为使用，格式如下。

```
var 函数名:Function=function(参数1:参数类型,参数2:参数类型…):返回类型{
函数体
}
```

格式说明如下。

- var：定义函数名的关键字，var关键字要以小写字母开头。
- 函数名：定义的函数名称。
- Function：指示定义数据类型是Function类，注意Function为数据类型，需以大写字母开头。
- =：赋值运算符，把匿名函数赋给定义的函数名。
- function：定义函数的关键字，指明定义的是函数。
- 小括号：定义函数的必需格式，小括号内的参数和参数类型都可选。
- 返回类型：定义函数的返回类型，是可选参数。
- 大括号：其中为函数要执行的代码。

推荐使用函数语句定义法来定义函数。因为这种方法更加简洁，更有助于保持严格模式和标准模式的一致性。函数表达式定义法主要用于适合关注运行时行为或动态行为的编程，以及那些使用一次后便丢弃的函数或者向原型属性附加的函数。函数表达式定义法更多地用在动态编程或标准模式编程中。

## 9.7.2 调用函数

函数只是一个编好的代码块，在没有被调用的情况下不会起作用。只有调用了函数，函数的功能才能够实现。

对于没有参数的函数，可以直接通过函数名称加一对小括号（被称为"函数调用运算符"）的形式来调用。

## 9.7.3 函数的返回值

主调函数通过调用其他函数得到一个确定的值，此值被称为函数的返回值。利用函数的返回值，可以将函数里代码的执行结果返回给函数调用者。下面主要介绍函数返回值的获取方法和获取过程中的注意事项。

**1. return语句**

在ActionScript 3.0中用return语句获取函数的返回值。

下面的函数除了输出信息以外，还返回了输出的信息。这时函数的返回值的类型从void类型变成了"*"类型。

```
var s:String = trace("hello");
    function traceMsg(msg:*)
    {
        trace(msg);
        return msg;
    }
```

使用return语句还可以中断函数的执行，这种方式经常用在判断语句中。如果某条件为false，则可以使用return语句直接返回，不执行后面的代码。

下面的代码判断函数的参数是不是数字，如果不是数字，就使用return语句直接返回，不执行后面的代码。

```
function area(r:*):void
    {
        var b:Boolean = r is Number;
        if(!b)
        return;
        trace("后面的代码");
    }
```

这里定义的函数把r作为参数。在函数中，先判断参数是否为数字，如果不是数字，则使用return语句直接退出该函数，后面的代码就不执行了。

在有些函数中，需要编写多个return语句。例如，条件语句中每一个条件分支都可以对应一条return语句。

下面代码中的函数根据参数来返回不同的实例。

```
function factory(obj:String):Load {
        if (obj=="xml") {
                trace("return LoadXml instance");
                return new LoadXml;
        } else if (obj=="sound") {
                trace("return LoadSound instance");
                return new LoadSound;
        } else if (obj=="movie") {
                trace("return LoadMovie instance");
                return new LoadMovie;
        } else {
                trace("error");
        }
}
```

下面的代码定义一个求圆面积的函数，并返回圆面积的值。

```
function 圆面积(r:Number):Number{
var s:Number=Math.PI*r*r;
return s;
}
trace(圆面积(5))
```

输出结果如图9-12所示。

图9-12

**2. 返回值类型**

函数的返回值类型在函数的定义中属于可选参数，如果没有定义，那么返回值的类型由return语句中返回值的数据类型来决定。

下面使用return语句返回一个字符型数据，验证一下返回值的类型。

```
function 类型测试() {
var a:String="这是一个字符串";
return a;
}
trace(typeof(类型测试()));
```

输出结果如图9-13所示。

图9-13

## 9.7.4 函数的参数

在ActionScript 3.0 中，所有的参数均按引用传递，因为所有的值都被存储为对象。但是属于基元数据类型（包括 Boolean、Number、int、uint 和 String）的对象具有一些特殊运算符，这使它们可以像按值传递一样工作。

**1. 默认参数值**

在定义函数时，可以指定函数中的默认值。被指定为默认值的参数应放到函数参数列表的末尾。在调用函数时，被指定为默认值的函数参数可以不写。

示例代码如下。

```
unction defaultValues(x:int, y:int = 3, z:int = 5):void
{
trace(x, y, z);
}
defaultValues(1);
```

输出结果如图9-14所示。

图9-14

## 2. ...(rest)参数

在定义函数时，可以使用...(rest)为函数定义任意多个参数，...(rest)将为函数创建一个参数数组，在...(rest)前的参数被传入后，其他的参数将依次被放入...(rest)创建的参数数组中。

示例代码如下。

```
function s(owner:String,...pets)
{
trace("owner="+owner);
for(var i:Object in pets)
{
trace("pet_"+i+"="+pets[i]);
}
}
s("Lee","Dog","Cat","Duck");
```

输出结果如图9-15所示。

图9-15

## 3. arguments 对象

在将参数传递给某个函数时，可以使用arguments 对象来访问有关传递给该函数的参数的信息。其相关介绍如下。

- arguments对象：它是一个数组，其中包括传递给函数的所有参数。
- arguments.length属性：报告传递给函数的参数数量。
- arguments.callee属性：提供对函数本身的引用，该引用可用于递归调用函数表达式。

 如果将任何参数命名为arguments，或者使用 ...(rest)参数，则 arguments 对象不可用。

在ActionScript 3.0中，调用函数时函数的参数数量可以大于在函数定义时所指定的参数数量，但如果参数数量小于必需参数数量，则在严格模式下将生成编译器错误。

可以使用arguments对象的数组样式来访问传递给函数的任何参数，而无须考虑是否在定义函数时定义了该参数。下面的示例使用arguments数组及arguments.length属性来输出传递给traceArgArray()函数的所有参数。

```
function traceArgArray(x:int):void
{
for (var i:uint = 0; i < arguments.length; i++)
{
trace(arguments[i]);
}
}
traceArgArray(1, 2, 3);
```

arguments.callee属性通常用在匿名函数中创建递归。可以使用它来提高代码的灵活性。如果递归函数的名称在开发周期内的不同阶段会发生改变，而且使用的是arguments.callee，而非函数名，则不必在函数体内更改递归调用。下面的函数表达式使用arguments.callee属性来启用递归。

```
var factorial:Function = function (x:uint)
{
if(x == 0)
{
return 1;
}
else
{
return (x * arguments.callee(x−1));
}
}
trace(factorial(5));
```

如果在函数声明中使用了...(rest)参数，则不能使用arguments对象，而必须使用为参数声明的参数名来访问参数。

# 9.8 类

对象是抽象的概念，要想把抽象的对象变为具体可用的实例，则必须使用类。使用类来存储对象可保存的数据类型，以及对象可表现的行为信息。要使用对象，就必须先准备好一个类，这个过程就像制作好一个元件并把它放在库中，随时可以拿出来使用。本节从类的基本概念着手，介绍类的定义方法和类的使用方法。

## 9.8.1 类概述

类（Class）就是一群对象所共有的特性和行为。

在ActionScript 1.0中，使用原型（Prototype）扩展的方法来创建继承，或者将自定义的属性和方法添加到对象中，这是类在Animate系列软件中的初步应用。在ActionScript 2.0中，通过使用class和extends等关键字，正式添加了对类的支持。ActionScript 3.0不但支持ActionScript 2.0中引入的关键字，而且还添加了一些新功能，如使用protected和internal属性增强了访问控制，使用final和override关键字增强了对继承的控制。

## 9.8.2 创建自定义类

创建一个自定义类的操作步骤如下。

（1）建立一个用于保存类文件的目录，即一个包（package）。例如在计算机的D盘中建立一个"Test"文件夹。

（2）启动Animate 2021，按Ctrl+N组合键打开"新建文档"对话框，选择"高级"选项，在下面选择"ActionScript文件"选项，单击"创建"按钮，如图9-16所示。

（3）按Ctrl+S组合键将ActionScript文件保存到刚刚在D盘中建立的"Test"文件夹中，文件名为要创建的类的名称。例如要创建的类的名称为Sample，那么保存的文件名称也为Sample。

（4）在文件的开头输入package关键字和包的路径。例如"package Test{}"，其中"Test"就是保存类文件的目录名称，如图9-17所示。

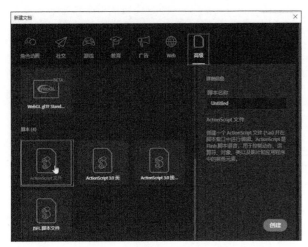

图9-16

图9-17

（5）若需要引入其他的类，则需要在package后面的大括号中插入新行，使用import语句添加其他类的包路径和名称。若不需要，则此步骤可以省略。

（6）在新的一行输入class关键字和类的名字。例如"class Sample{}"。

（7）在class后面的大括号内写入对类定义的内容，包括构造函数、属性和方法。

### 9.8.3 创建类的实例

类是为了使用而创建的，要使用创建好的类，必须通过类的实例来访问。若要创建类的实例，则需要进行下面两步操作。

第1步：使用import关键字导入所需的类文件，语法格式如下。

```
import 类路径.类名称;
```

第2步：使用new关键字加上类的构造函数，语法格式如下。

```
var 类引用名称:类名称 = new 类名称构造函数();
```

### 9.8.4 包和类

在ActionScript 3.0中，单独用一个包来包含类，包路径是一个独立的模块，不再作为类定义的一部分。定义包使用package关键字，语法格式如下。

```
package 包路径{
类体
}
```

示例代码如下。

```
package com.lzxt.display{
类体
}
```

## 9.8.5 包的导入

在ActionScript 3.0中，要使用某一个类文件，就需要先导入这个类文件所在的包，即先指明要使用的类所在的位置。

通常情况下，包的导入有以下3种情形。

第1种：明确知道要导入哪个包，可直接导入单个的包。

例如，要创建一个绘制对象，只需导入Display包中的Shape包即可，代码如下。

```
import flash.Display.Shape;
```

第2种：不知道具体要导入的类，可使用通配符导入整个包。

例如，要使用一个文本的控制类，但是并不知道该类的具体名称，那么可以使用"*"通配符进行匹配，一次性导入包内的所有类，代码如下。

```
import flash.text.*
```

第3种：要使用同一包内的类文件，则无须导入包。

如果现在有多个类文件位于计算机中的同一个目录下，则在互相调用这些类的时候，不需要导入包，直接使用即可。

## 9.8.6 构造函数

构造函数是一种特殊的函数，创建构造函数的目的是在创建对象的同时初始化对象，即为对象中的变量赋初始值。

在ActionScript 3.0中，创建的类可以定义构造函数，也可以不定义构造函数。如果没有在类中定义构造函数，那么编译时编译器会自动生成一个默认的构造函数，这个默认的构造函数为空。构造函数可以有参数，通过参数传递实现初始化对象操作。

下面列出两种常用的构造函数。

空构造函数，语法格式如下。

```
public function Sample(){
}
```

有参数的构造函数，语法格式如下。

```
public function Sample(x:String){
初始化对象属性
}
```

課堂案例9-1: 摇摆小兔

 设计思路

本例制作控制小兔子摇摆动作的动画,设计思路如下:导入背景图像,新建图层,导入小兔图像并制作小兔左右摇摆的效果,创建播放和停止按钮元件,设置实例名称,添加ActionScript代码。

 案例效果

操作步骤

①启动Animate 2021,新建一个空白文档,执行"修改>文档"菜单命令,打开"文档设置"对话框。在对话框中将"舞台大小"设置为550像素×450像素,如图9-18所示。

②选中"图层_1"的第1帧,执行"文件>导入>导入到舞台"菜单命令,将背景图像导入舞台中,如图9-19所示。

③新建"图层_2",执行"文件>导入>导入到舞台"菜单命令,将小兔图像导入舞台中,如图9-20所示。

④分别在"图层_2"的第15帧处和第30帧处插入关键帧,然后在"图层_1"的第30帧处插入帧,如图9-21所示。

⑤选择"图层_2"第15帧处的小兔,执行"修改>变形>水平翻转"菜单命令,如图9-22所示。

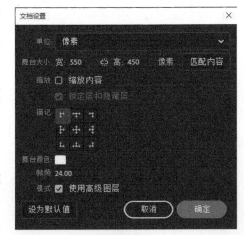

图9-18

Animate动画制作案例教程(全彩微课版)

图9-19

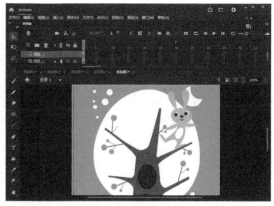

图9-20

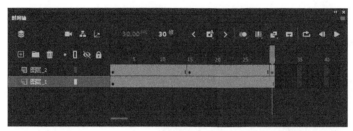

图9-21

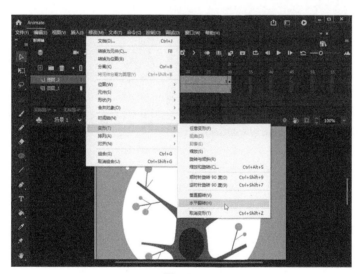

图9-22

⑥执行"插入>新建元件"菜单命令，打开"创建新元件"对话框。在"名称"文本框中输入
"play"，在"类型"下拉列表中选择"按钮"选
项，单击"确定"按钮，如图9-23所示。

⑦在按钮元件的编辑状态下，选择"矩形工
具"■，在"属性"面板中将"边角半径"设置
为9，如图9-24所示。

⑧在舞台中绘制一个无边框、填充颜色为红色
的圆角矩形，如图9-25所示。

图9-23

⑨选择"文本工具"■，在圆角矩形中输入
"Play"，设置字体为"Verdana"，"大小"为28pt，"填充"为白色，如图9-26所示。

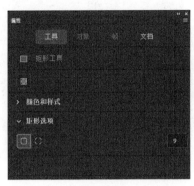

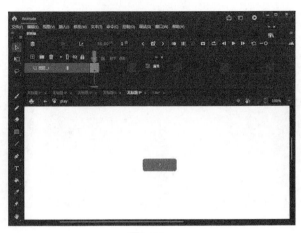

图9-24                                    图9-25

⑩执行"插入>新建元件"菜单命令,打开"创建新元件"对话框。在"名称"文本框中输入"stop",在"类型"下拉列表中选择"按钮"选项,如图9-27所示。

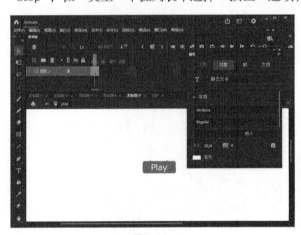

图9-26                                    图9-27

⑪在按钮元件的编辑状态下,选择"矩形工具" ,绘制一个边角半径为9、无边框、填充颜色为绿色的圆角矩形。选择"文本工具" ,在圆角矩形中输入"Stop",设置字体为"Verdana","大小"为28pt,"填充"为白色,如图9-28所示。

⑫返回主场景,新建"图层_3",将"Play"按钮和"Stop"按钮从"库"面板中拖曳到舞台中,如图9-29所示。

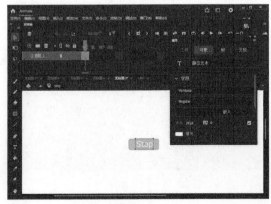

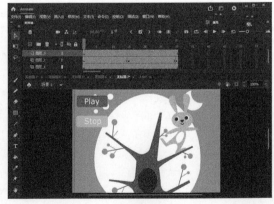

图9-28                                    图9-29

⑬选择舞台中的"Play"按钮，在"属性"面板的"实例"文本框中输入名称"play_btn"，如图9-30所示。

⑭选择舞台中的"Stop"按钮，在"属性"面板的"实例"文本框中输入名称"pause_btn"，如图9-31所示。

图9-30

图9-31

⑮新建"图层_4"，选择该图层的第1帧，按F9键打开"动作"面板，然后在"动作"面板中添加如下代码，如图9-32所示。

```
play_btn.addEventListener(MouseEvent.CLICK, playMovie);
pause_btn.addEventListener(MouseEvent.CLICK, pauseMovie);
function playMovie(evt:MouseEvent):void{
play();
}
function pauseMovie(evt:MouseEvent):void{
stop();
}
```

图9-32

⑯保存文件，按Ctrl+Enter组合键，本例完成效果如图9-33所示。

图9-33

课堂案例9-2：　林中小雨

 案例
位置　案例>CH09>林中小雨>林中小雨.fla

 素材
位置　素材>CH09>林中小雨>yutian.jpg

设计思路

　　本例制作林中小雨动画，设计思路如下：将背景图像导入舞台中，创建影片剪辑元件，使用"线条工具"绘制雨点，制作雨点下落的效果，编写ActionScript代码，制作雨点不断下落的效果。

案例效果

操作步骤

❶启动Animate 2021，新建一个空白文档，执行"修改>文档"菜单命令，打开"文档设置"对话框。在对话框中将"舞台大小"设置为376像素×480像素，"舞台颜色"设置为黑色，如图9-34所示。
❷执行"文件>导入>导入到舞台"菜单命令，将背景图像导入舞台中，如图9-35所示。

图9-34                                         图9-35

③执行"插入>新建元件"菜单命令，打开"创建新元件"对话框。在"名称"文本框中输入"yd"，在"类型"下拉列表中选择"影片剪辑"选项，单击"确定"按钮，如图9-36所示。

④进入元件编辑区，使用"线条工具" 在舞台中绘制一条线段，在"图层_1"的第24帧处插入关键帧，选择该帧处的线条，将其向左下方拖曳一段距离。这个距离就是雨点从天空落向地面的距离。在第1～第24帧之间创建补间动画，如图9-37所示。

图9-36

⑤新建"图层_2"，并将其拖曳到"图层_1"的下层。在"图层_2"的第24帧处插入空白关键帧，使用"椭圆工具" 在线条的下方绘制一个边框为白色、无填充色、宽和高分别为57像素和7像素的椭圆形，如图9-38所示。

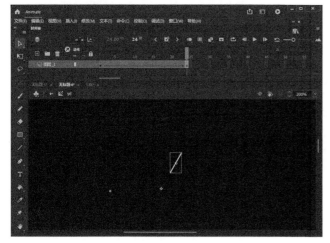

图9-37                                         图9-38

⑥选择"图层_2"的第24帧，按住鼠标左键将其向右拖曳一帧的距离，也就是将"图层_2"的第24帧拖曳到第25帧处。选择第25帧处的椭圆形，按F8键将其转换为图形元件，在"名称"文本框中输入"水纹"，单击"确定"按钮，如图9-39所示。

⑦在"图层_2"的第40帧处插入关键帧。选择该帧处的椭圆形，使用"任意变形工具" 将其宽和高分别放大至118像素和13像素，在"属性"面板中将它的"Alpha"设置为0%。在"图层_2"的第25～第40帧之间创建补间动画，如图9-40所示。

图9-39

图9-40

⑧打开"库"面板,在影片剪辑元件"yd"上单击鼠标右键,在弹出的快捷菜单中执行"属性"命令,如图9-41所示。

⑨打开"元件属性"对话框,展开"高级"栏,勾选"为ActionScript导出"复选框,单击"确定"按钮,如图9-42所示。

图9-41

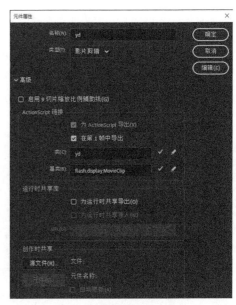

图9-42

⑩返回主场景,新建"图层_2",选择该图层的第1帧,在"动作"面板中添加如下代码,如图9-43所示。

```
for(var i=0;i<100;i++)
{
var yd_mc = new yd ();
yd_mc.x = Math.random()*650;
yd_mc.gotoAndPlay(int(Math.random()*40)+1);

yd_mc.alpha = yd_mc.scaleX = yd_mc.scaleY = Math.random()*0.7+0.3;
```

```
        stage.addChild(yd_mc);
    }
```

⓫保存文件，按Ctrl+Enter组合键，本例完成效果如图9-44所示。

图9-43

图9-44

课堂案例9-3:　　图像上的涟漪

案例
位置　　案例>CH09>图像上的涟漪>图像上的涟漪.fla

素材
位置　　素材>CH09>图像上的涟漪> Water lilies.jpg

 设计思路

　　本例制作图像上的涟漪动画，设计思路如下：将图像导入"库"面板中，创建 ActionScript
文件，在ActionScript文件中添加ActionScript代码。

 案例效果

图9-45

**操作步骤**

① 启动Animate 2021，新建一个空白文档，执行"修改>文档"菜单命令，打开"文档设置"对话框。在对话框中将"舞台大小"设置为400像素×300像素，将"帧频"设置为30，如图9-45所示。

② 执行"文件>导入>导入到库"菜单命令，将一幅图像导入"库"面板中，如图9-46所示。

③ 在"库"面板中的图像上单击鼠标右键，在弹出的快捷菜单中执行"属性"命令，如图9-47所示。

④ 打开"位图属性"对话框，单击"ActionScript"选项卡，勾选"为ActionScript导出"复选框，然后在"类"文本框中输入"pic00"，单击"确定"按钮，如图9-48所示。

Animate动画制作案例教程（全彩微课版）

图9-46

图9-47

⑤ 按Ctrl+N组合键打开"新建文档"对话框，选择"高级"选项，在下面选择"ActionScript文件"选项，单击"创建"按钮，如图9-49所示。

图9-48

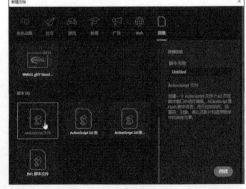

图9-49

⑥ 按Ctrl+S组合键，将ActionScript文件保存为waveclass.as，在waveclass.as文件中的第1~

第42行输入图9-50所示代码。

图9-50

**7** 在waveclass.as文件中的第43～第72行输入图9-51所示代码。

图9-51

**8** 返回主场景，打开"属性"面板，单击"更多设置"按钮，如图9-52所示。

**9** 弹出"发布设置"对话框，单击"ActionScript设置"按钮，如图9-53所示。

图9-52

图9-53

⑩弹出"高级ActionScript 3.0设置"对话框，在"文档类"文本框中输入"waveclass"，如图9-54所示。

图9-54

⑪保存文件，按Ctrl+Enter组合键，本例完成效果如图9-55所示。将鼠标指针放置于图像上，图像上就会产生阵阵涟漪。

图9-55

## 9.9 知识拓展

### 1. 声明和访问类的属性

在编程语言中，通常都使用属性来指明对象的特征和对象所包含的数据信息，以及信息的数据类型。在定义类的过程中，需要通过属性来描述对象的特征，说明对象信息的数据类型。例如，在创建一个关于人的类的过程中，就需要说明人这一对象的"性别"特征，需要说明人的"年龄"这一数据的数据类型是一个数字等。

在ActionScript 3.0的类体中，一般在class语句之后声明属性。类的属性分两种：实例属性和静态属性。实例属性必须通过创建该类的实例才能访问，而静态属性则不需要创建类实例就能够访问。

声明实例属性的语法格式如下。

```
var 属性名称:属性类型;
var 属性名称:属性类型=值;
public var 属性名称:属性类型=值;
```

### 2. 声明和访问类的方法

在编程语言中，使用方法来构建对象的行为，即用方法表示对象可以完成的操作。在编程过程中，通过对象的方法，告诉对象可以做什么事情、怎么做。例如，在创建一个关于人的类的过程中，就需要说明人能够干什么事情，这就是人这一对象的方法，如人说话、举手等行为都需要通过方法来表示。

在ActionScript 3.0中，声明类实例方法的格式和定义函数的格式类似，具体如下。

```
function 方法名称(参数…):返回类型{
方法内容
}
```

## 9.10 课堂练习：把图像擦出来

案例
位置
案例>CH09>把图像擦出来>把图像擦出来.fla

素材
位置
素材>CH09>把图像擦出来>yewan.jpg

应用本章介绍的知识制作一个在图像空白处擦出图像的效果，完成效果如图9-56所示。

（1）启动Animate 2021，新建一个空白文档，执行"修改>文档"菜单命令，打开"文档设置"对话框。在对话框中将"舞台大小"设置为302像素×666像素，如图9-57所示。

图9-56　　　　　　　　　　　　　　图9-57

（2）执行"文件>导入>导入到舞台"菜单命令，将背景图像导入舞台中，如图9-58所示。

图9-58

（3）选择导入的图像，按F8键，打开"转换为元件"对话框。在"名称"文本框中输入"pic"，在"类型"下拉列表中选择"影片剪辑"选项，如图9-59所示。

（4）保持元件的选中状态，打开"属性"面板，在"实例"文本框中输入名称"imageMC"，如图9-60所示。

图9-59

图9-60

（5）新建"图层_2"，选择该图层的第1帧，在"动作"面板中添加如下代码，如图9-61所示。

```
1  var container:Sprite = new Sprite();
2    addChild (container);
3  imageMC.mask = container;
4  container.graphics.moveTo (mouseX, mouseY);
5  addEventListener (Event.ENTER_FRAME, enterFrameHandler);
6  /*Draw a new rectangle in each frame and add it onto the container
7  NOTE: you can use all kinds of shapes, not just rectangles! */
8  function enterFrameHandler (e:Event):void {
9      container.graphics.beginFill(0xff0000);
10     container.graphics.drawRect (mouseX - 50, mouseY - 50, 100, 100);
11     container.graphics.endFill()
12  }
13 Mouse.hide();
14
```

图9-61

（6）保存文件，按Ctrl+Enter组合键，本例完成效果如图9-62所示。

图9-62

**9.11** 课后练习：星星

 案例
位置　案例>CH09>星星>星星.fla

 素材
位置　素材>CH09>星星>tu.jpg

应用本章介绍的知识制作多彩的星星动画，完成效果如图9-63所示。

图9-63

# 第 **10** 章 动画的导出和发布

在Animate动画制作完成以后，可以进行优化与测试，并且可以使用播放器预览动画效果。如果测试没有问题，则可以按要求发布动画，或者将动画导出为可供其他应用程序处理的数据。

# 10.1 优化动画

使用Animate 2021制作的动画多用于网页，这就涉及浏览速度的问题。要让浏览速度变快，就必须对动画进行优化，在不影响观赏效果的前提下，减小动画文件的大小、优化文本和颜色等。在发布动画时，Animate 2021会自动对动画进行优化。例如，它可以在输出动画时检查重复使用的形状，并把它们放置到一起，把嵌套组合转换成单个组合等。

## 10.1.1 减小动画文件的大小

下面介绍减小动画文件大小的方法。
- 将动画中多次使用的元素转换为元件。
- 对于动画序列，要使用影片剪辑元件而不是图形元件。
- 尽量少使用位图制作动画，位图多用于制作背景和静态元素。
- 在尽可能小的区域中编辑动画。
- 尽可能使用数据量少的声音格式，如MP3、WAV等。

## 10.1.2 对动画文本的优化

对动画文本的优化，可以使用以下方法。
- 在同一个动画中，使用的字体尽量少、字号尽量小。
- 最好少用嵌入字体，因为它们会增加文件的大小。
- 对于"嵌入字体"选项，只选择需要的字符，不要包括所有字体。

## 10.1.3 对颜色的优化

对颜色的优化，可以使用以下两种方法。
- 在"属性"面板中，对由一个元件创建出的多个实例的颜色进行不同的设置。
- 选择颜色时，尽量使用颜色样本中的颜色，因为这些颜色属于网络安全色。
在填充颜色或者编辑颜色样式时需要注意以下两点。
- 尽量少使用透明效果，因为它会增加动画文件的大小。
- 尽量少使用渐变效果，在同一区域中使用渐变色比使用纯色多需要50个字节。

# 10.2 导出Animate动画

对动画进行测试后，即可将其导出。在Animate 2021中，既可以导出图像，也可以导出影片。下面分别进行讲解。

## 10.2.1 导出图像

导出图像的操作步骤如下。

（1）执行"文件>打开"菜单命令，打开一个动画文件，如图10-1所示。

（2）选择某帧或场景中要导出的图像，这里选择"图层_1"中第10帧处的图像，如图10-2所示。

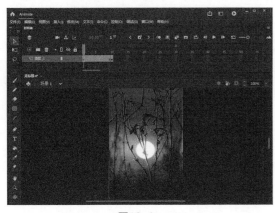 

图10-1　　　　　　　　　　　　　　　　　图10-2

（3）执行"文件>导出>导出图像"菜单命令，弹出"导出图像"对话框，在其中设置导出图像的格式和品质等，如图10-3所示。

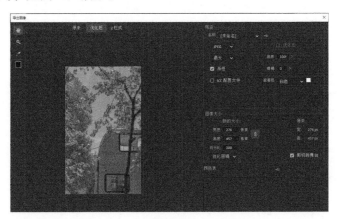

图10-3

（4）单击"保存"按钮，弹出"另存为"对话框，在其中设置导出图像的位置和文件名，如图10-4所示。

（5）设置完成后单击"保存"按钮，即可导出动画图像。打开导出的图像，如图10-5所示。

图10-4　　　　　　　　　　　　　　　　　图10-5

## 10.2.2 导出影片

执行"文件>导出>导出影片"菜单命令，打开"导出影片"对话框，如图10-6所示。在对话框的"保存类型"下拉列表中选择文件的类型，并在"文件名"文本框中输入文件名，单击"保存"按钮，即可导出影片。

若要播放"保存类型"下拉列表中的"SWF影片(*.swf )"类型的文件，则计算机必须安装SWF播放器。

图10-6

 课堂案例10-1： 导出为视频

案例位置 案例>CH10>导出为视频>导出为视频.mov

素材位置 素材>CH10>导出为视频>1.fla

### 设计思路

本例将一个动画文件导出为视频，设计思路如下：打开动画文件，执行"导出视频/媒体"菜单命令，设置导出视频的路径和文件名。

### 案例效果

操作步骤

❶启动Animate 2021，打开一个准备导出为视频的动画文件，如图10-7所示。
❷执行"文件>导出>导出视频/媒体"菜单命令，打开"导出媒体"对话框，如图10-8所示。
❸设置好视频的保存位置后，单击"导出"按钮。弹出"导出媒体：创建Mov"提示框，如
图10-9所示。根据动画的大小，导出的时间有所不同。

图10-7

图10-8

❹导出完成以后，找到导出视频的文件夹，可以看到
动画已经变成MOV格式的视频了，如图10-10所示。
❺双击文件即可用视频播放器打开视频，如图10-11
所示。

图10-9

图10-10

图10-11

> 提示
> 如果导出的视频出现声音与画面不同步的情况，可在Animate 2021中执行
> "文件>发布设置"菜单命令，打开"发布设置"对话框，单击"音频流"右侧
> 的"MP3, 160kbit/s,立体声"，如图10-12所示。
> 打开"声音设置"对话框，在"比特率"下拉列表中选择"128kps"选项，
> 在"品质"下拉列表中选择"最佳"选项，单击"确定"按钮，如图10-13所示。

Animate动画制作案例教程（全彩微课版）

图10-12                                          图10-13

# 10.3 发布Animate动画

为了推广和传播Animate动画，有时还需要将制作的Animate动画予以发布。发布是Animate 2021的一个独特功能。

## 10.3.1 设置发布格式

在Animate 2021的"发布设置"对话框中，可以对动画的发布格式等进行设置，还能将动画发布为其他格式的文件，如图形文件和视频文件。具体的设置方法如下。

（1）执行"文件>发布设置"菜单命令，弹出"发布设置"对话框，如图10-14所示。

（2）单击左侧的"Flash(.swf)"选项，进入该选项卡，可以对Flash格式的文件进行设置，如图10-15所示。

图10-14                                          图10-15

- JPEG品质：将动画中的位图保存为具有一定压缩率的JPEG文件，输入数值或拖曳滑块可改变图像的压缩率。如果所导出的动画中不含位图，则该项设置无效。若要使高度压缩的 JPEG 图像显得更加平滑，则需要勾选"启用 JPEG 解块"复选框，减少由JPEG压缩导致的典型失真（如图像中通常出现的 8像素×8像素的马赛克）。勾选此复选框后，一些 JPEG 图像可能会丢失少量细节。
- 音频流：用于设置导出的流式音频的压缩格式、比特率和品质等。
- 音频事件：用于设置导出的事件音频的压缩格式、比特率和品质等。若要覆盖在"属性"面板的"声音"部分中为个别声音指定的设置，请勾选"覆盖声音设置"复选框。若要创建一个较小的低保真版本的 SWF 文件，则勾选"导出声音设备"复选框。
- 压缩影片：用于压缩 SWF 文件，以减小文件尺寸和缩短下载时间。
- 包括隐藏图层：用于导出 Animate 动画中所有隐藏的图层。若取消勾选"导出隐藏的图层"复选框，则系统将阻止把生成的 SWF 文件中标记为隐藏的所有图层（包括嵌套在影片剪辑内的图层）导出。
- 生成大小报告：用于创建一个文本文件，记录最终导出动画文件的大小。
- 省略trace语句：忽略当前动画中的跟踪命令。
- 允许调试：允许对动画进行调试。
- 针对After Effects优化：可针对After Effects进行优化。
- 防止导入：可防止发布的动画文件被他人下载并进行编辑。
- 密码：当勾选"防止导入"或"允许调试"复选框后，可在密码框中输入密码。
- 脚本时间限制：若要设置脚本在 SWF 文件中执行时可占用的最大时间量，则需要在"脚本时间限制"文本框中输入一个数值，Flash Player 将取消执行超出此限制的任何脚本。
- 本地播放安全性："只访问本地文件"选项，允许已发布的 SWF 文件与本地系统中的文件和资源交互，但不能与网络上的文件和资源交互；"只访问网络文件"选项，允许已发布的 SWF 文件与网络上的文件和资源交互，但不能与本地系统中的文件和资源交互。
- 硬件加速：使 SWF 文件能够使用硬件加速。

（3）在"发布设置"对话框中单击"HTML包装器"选项，进入该选项卡，可以对HTML格式文件进行相应设置，如图10-16所示。

- 模板：选择所使用的模板，单击右侧的"信息"按钮，弹出"HTML模板信息"对话框，显示出该模板的相关信息，如图10-17所示。

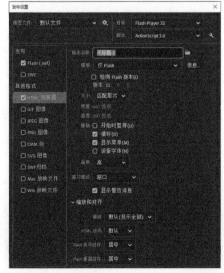

图10-16

图10-17

- 大小：用于设置动画的宽度和高度，主要包括"匹配影片""像素""百分比"3个选项。"匹配影片"表示将发布的尺寸设置为动画的实际尺寸；"像素"表示设置动画的实际宽度和高度，选择该选项后可在"宽度"和"高度"文本框中输入具体的像素值；"百分比"表示设置动画相对于浏览器窗口的尺寸。
- 开始时暂停：可使动画一开始处于暂停状态，只有当用户单击动画中的"播放"按钮或从快捷菜单中执行"Play"命令后，动画才开始播放。
- 循环：可使动画反复播放。
- 显示菜单：可使用户单击鼠标右键时弹出的快捷菜单中的命令有效。
- 设备字体：可用反锯齿系统字体取代用户系统中未安装的字体。
- 品质：用于设置动画的品质，其中包括"低""自动降低""自动升高""中""高""最佳"6个选项。
- 窗口模式：用于设置安装有Flash ActiveX的IE浏览器，可利用IE的透明显示、绝对定位及分层功能，包含"窗口""不透明无窗口""透明无窗口""直接"4个选项。
    - 窗口：在网页窗口中播放Animate动画。
    - 不透明无窗口：使Animate动画下层的元素可移动，但不会穿过动画显示出来。
    - 透明无窗口：可使嵌有Animate动画的HTML页面背景在动画中所有透明的地方显示出来。
    - 直接：可限制将其他非SWF图形放置在SWF文件的上层。
- HTML对齐：用于设置动画在浏览器窗口中的位置，主要有"左""右""顶部""底部""默认"5个选项。
- Flash水平对齐：可定义动画在窗口中的位置及将动画裁剪到窗口尺寸，主要有"左""居中""右"3个选项。
- Flash垂直对齐：主要有"顶""居中""底部"3个选项。

（4）完成发布格式的参数设置后，单击"发布"按钮，即可发布Animate动画。

## 10.3.2 发布动画

在Animate 2021中，发布动画的方法有以下几种。
- 按Shift + F12组合键。
- 执行"文件>发布"菜单命令。
- 执行"文件>发布设置"菜单命令，弹出"发布设置"对话框，设置完毕后，单击"发布"按钮即可完成动画的发布。

课堂案例10-2: 发布为网页

| 案例位置 | 案例>CH10>发布为网页>发布为网页.html |
| --- | --- |
| 素材位置 | 素材>CH10>发布为网页>1.fla |

## 设计思路

Animate动画制作完成后，大部分情况是将其应用到网页中。在Animate 2021中，可以将动画直接发布输出为HTML网页文件，而不需要先将动画导出，再插入网页中。本例将Animate动画发布为网页，设计思路如下：打开要发布为网页的动画文件，执行"发布设置"菜单命令，设置发布格式。

## 案例效果

## 操作步骤

❶ 启动Animate 2021，打开一个准备发布为网页的动画文件，如图10-18所示。

❷ 执行"文件>发布设置"菜单命令，弹出"发布设置"对话框，在"发布"列表中勾选"Flash(.swf)"复选框，在右侧的"高级"栏中只勾选前面两个复选框，如图10-19所示。

❸ 在"发布"列表中勾选"HTML包装器"复选框，进入该选项卡，在"输出名称"文本框中输入"发布为网页.html"，如图10-20所示。

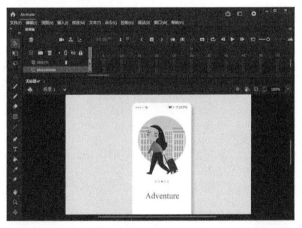

图10-18

图10-19

图10-20

④ 单击"发布"按钮，在"发布为网页"文件夹中选择HTML文件，如图10-21所示。

⑤ 双击HTML文件将其打开，如图10-22所示。

图10-21

图10-22

## 10.4 知识拓展

对动画中的元素和线条进行优化时，应注意以下几点。

图10-23

- 限制特殊线条类型的数量，实线所需的内存较小。使用"铅笔工具" ✎ 绘制的线条比使用旧版本的Animate 软件中的"刷子工具"绘制的线条所需的内存小。

- 使用"优化"命令优化动画中的元素和线条。执行"修改>形状>优化"菜单命令，打开"优化曲线"对话框，在"优化强度"文本框中输入数值，如图10-23所示。数值越大，表示优化程度越大。单击"确定"按钮，弹出图10-24所示提示框，其中列出了曲线的优化情况，单击"确定"按钮完成优化。

图10-24

## 10.5 课堂练习：导出关键帧中的图像

> 案例位置　案例>CH10>导出关键帧中的图像>导出关键帧中的图像.jpg
>
> 素材位置　素材>CH10>导出关键帧中的图像>1.fla

应用本章介绍的知识将一个动画文件关键帧中的图像导出，完成效果如图10-25所示。

（1）启动Animate 2021，执行"文件>打开"菜单命令，打开一个动画文件，如图10-26所示。

（2）选择某帧或场景中要导出的图像，这里选择"图层_1"中第15帧处的图像，如图10-27所示。

（3）执行"文件>导出>导出图像"菜单命令，弹出"导出图像"对话框，在其中设置导出图像的格式和品质等，如图10-28所示。

图10-25

图10-26

图10-27

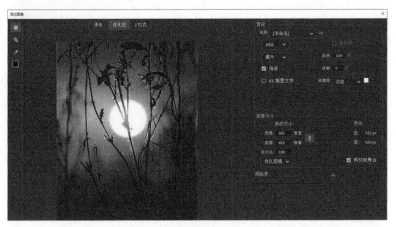

图10-28

（4）单击"保存"按钮，弹出"另存为"对话框，在其中设置导出图像的位置和文件名，如图10-29所示。

（5）单击"保存"按钮，即可完成动画图像的导出。打开导出的图像，如图10-30所示。

Animate动画制作案例教程（全彩微课版）

图10-29

图10-30

 课后练习：将动画导出为视频

案例
位置　　案例>CH10>将动画导出为视频>动画视频.mov

素材
位置　　素材>CH10>将动画导出为视频>1.fla

应用本章介绍的知识将动画导出为视频，完成效果如图10-31所示。

图10-31

# 第 11 章

# 综合案例——抓泡泡小游戏

本章将带领读者制作一个抓泡泡小游戏。读者通过学习本章的内容，可以全面地掌握Animate 2021强大的动画制作、编辑功能。

| 案例<br>位置 | 案例>CH11>抓泡泡小游戏>抓泡<br>泡小游戏.fla |
|---|---|
| 素材<br>位置 | 素材>CH11>抓泡泡小游戏>yxbj.<br>jpg、z1.png、z2.png、z3.png |

## 设计思路

本例制作抓泡泡小游戏，设计思路如下：制作按钮，制作动态文本框，制作泡泡和抓手，添加ActionScript代码。

## 案例效果

## 11.1 制作按钮

下面制作游戏中要用的"开始游戏""结束游戏"按钮。

（1）启动Animate 2021，新建一个空白文档，执行"修改>文档"菜单命令，打开"文档设置"对话框。在对话框中将"舞台大小"设置为660像素×480像素，"帧频"设置为30，如图11-1所示。

图11-1

（2）执行"文件>导入>导入到舞台"菜单命令，将背景图像导入舞台中，如图11-2所示。
（3）执行"插入>新建元件"菜单命令，打开"创建新元件"对话框。在"名称"文本框中输入"开始",在"类型"下拉列表中选择"按钮"选项,单击"确定"按钮,如图11-3所示。

图11-2                                                                                      图11-3

（4）在按钮元件的编辑状态下,选择"矩形工具" ,在"属性"面板中将"边角半径"设置为6,如图11-4所示。

（5）在舞台中绘制一个无边框、填充颜色为绿色的圆角矩形,如图11-5所示。

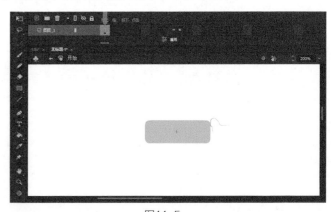

图11-4                                                                                      图11-5

（6）选择"文本工具" T,在圆角矩形中输入"开始游戏",设置字体为"幼圆","大小"为18pt,"填充"为黄色,字符间距为2,如图11-6所示。

（7）执行"插入>新建元件"菜单命令,打开"创建新元件"对话框。在"名称"文本框中输入"帮助",在"类型"下拉列表中选择"按钮"选项,单击"确定"按钮,如图11-7所示。

（8）在按钮元件的编辑状态下,选择"矩形工具" ,绘制一个边角半径为6、无边框、填充颜色为绿色的圆角矩形。选择"文本工具" T,在圆角矩形中输入黄色的文字"游戏帮助",如图11-8所示。

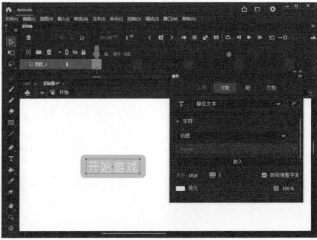

图11-6

Animate动画制作案例教程（全彩微课版）

图11-7

图11-8

（9）执行"插入>新建元件"菜单命令，打开"创建新元件"对话框。在"名称"文本框中输入"结束"，在"类型"下拉列表中选择"按钮"选项，单击"确定"按钮，如图11-9所示。

（10）在按钮元件的编辑状态下，选择"矩形工具" ，绘制一个边角半径为6、无边框、填充颜色为绿色的圆角矩形。选择"文本工具" ，在圆角矩形中输入黄色的文字"结束游戏"，如图11-10所示。

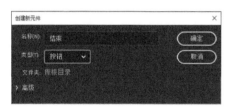

图11-9

图11-10

（11）返回主场景，新建"图层_2"，从"库"面板中将按钮元件"开始""帮助""结束"拖曳到舞台中，如图11-11所示。

（12）分别在"属性"面板中将"开始""帮助""结束"这3个按钮元件的"实例名称"设置为"start_btn""help_btn""out_btn"，如图11-12所示。

图11-11

图11-12

# 11.2 制作动态文本框

（1）新建"图层_3"，在舞台中绘制一个矩形并输入文字，如图11-13所示。

图11-13

（2）新建"图层_4"，在文字中间添加一个动态文本框，如图11-14所示。

（3）选择动态文本框，在"属性"面板中将它的"实例名称"设置为"displayGrade_txt"，如图11-15所示。

图11-14

图11-15

## 11.3 制作泡泡和抓手

（1）执行"插入>新建元件"菜单命令，打开"创建新元件"对话框。在"名称"文本框中输入"Fly"，在"类型"下拉列表中选择"影片剪辑"选项，单击"确定"按钮，如图11-16所示。

（2）在影片剪辑元件"Fly"的编辑状态下，使用"椭圆工具"  在舞台中绘制一个无边框、填充颜色为任意颜色、宽和高都为45像素的圆形，如图11-17所示。

（3）打开"颜色"面板，将"填充"设置为"径向渐变"，把色彩条左端的滑块颜色设置为白色，把右端的滑块颜色设置为蓝色，并将"A"设置为80%，如图11-18所示。

图11-16            图11-17            图11-18

（4）使用"颜料桶工具" 为圆形填充颜色，如图11-19所示。

（5）新建"图层_2"，使用"铅笔工具" 在气泡上绘制两个无规则几何图形，使用白色作为其填充颜色，然后将边框线去掉，如图11-20所示。

（6）执行"插入>新建元件"菜单命令，打开"创建新元件"对话框。在"名称"文本框中输入"gotgood_mc"，在"类型"下拉列表中选择"影片剪辑"选项，单击"确定"按钮，如图11-21所示。

图11-19        图11-20                图11-21

（7）在影片剪辑元件"gotgood_mc"的编辑状态下，执行"文件>导入>导入到舞台"菜单命令，将一幅图像导入舞台中，如图11-22所示。

（8）在"图层_1"的第2帧处插入空白关键帧，执行"文件>导入>导入到舞台"菜单命令，将一幅图像导入舞台中，如图11-23所示。

（9）在"图层_1"的第3帧处插入空白关键帧，执行"文件>导入>导入到舞台"菜单命令，将一幅图像导入舞台中，如图11-24所示。

（10）新建"图层_2"，选择"图层_2"的第1帧，在"动作"面板中添加代码"stop();"，如图11-25所示。

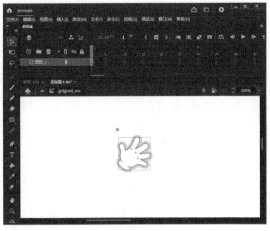

图11-22 　　　　　　　　　　　　　　　　　　图11-23

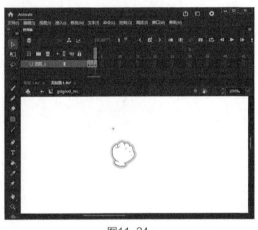

图11-24

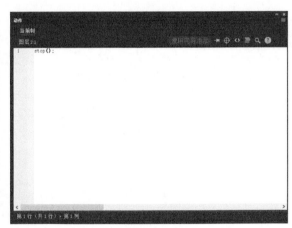

图11-25

（11）分别在"图层_1"与"图层_2"的第12帧处插入帧，如图11-26所示。

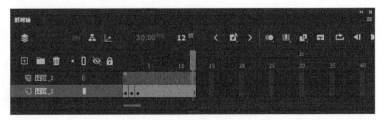

图11-26

（12）执行"插入>新建元件"菜单命令，打开"创建新元件"对话框。在"名称"文本框中输入"MouseHand"，在"类型"下拉列表中选择"影片剪辑"选项，单击"确定"按钮，如图11-27所示。

（13）在影片剪辑元件"MouseHand"的编辑状态下，从"库"面板中将影片剪辑元件"gotgood_mc"拖曳到舞台中，并在"属性"面板的"实例"文本框中输入名称"gotgood_mc"，如图11-28所示。

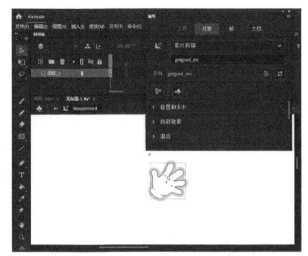

图11-27

图11-28

##  11.4 添加ActionScript代码

（1）按Ctrl+N组合键，打开"新建文档"对话框，选择"高级"选项，在下面选择"ActionScript文件"选项，单击"创建"按钮，如图11-29所示。

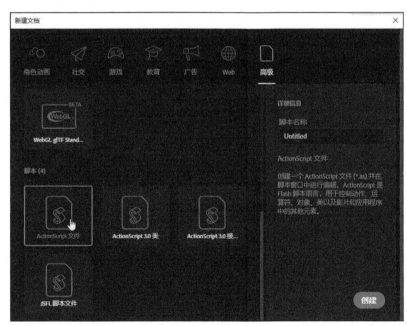

图11-29

（2）按Ctrl+S组合键，保存脚本文件Fly.as，然后在Fly.as文件中输入代码，如图11-30所示。

Fly.as

目标： 无标题...

```
package {
    import flash.display.MovieClip;
    import flash.utils.Timer;
    import flash.events.*;

    public class Fly extends MovieClip {
        private var _speed:Number;

        public function Fly(speed) {

            _speed = Math.round(speed);
            this.addEventListener(Event.ENTER_FRAME,enterFrameHandler);
        }

        private function enterFrameHandler(event:Event):void{
            this.y -= this._speed;
        }

        public function removeTimerHandler():void {
            this.removeEventListener(Event.ENTER_FRAME,enterFrameHandler);
            trace("清除实例事件");
        }

        public function get flySpeed():Number{
            return this._speed;
        }

    }
}
```

第1行（共30行），第1列

图11-30

（3）编写主程序类，使用同样的方法新建一个脚本文件（将其保存为Main文件），然后在其中输入图11-31所示代码。

```
package {
    import flash.display.*;
    import flash.events.*;
    import flash.utils.Timer;
    import flash.text.TextField;
    import flash.ui.Mouse;

    public class Main extends Sprite {

        private var _grade:Number;//得分
        public var displayGrade_txt:TextField;//得分显示
        public var start_btn:*;
        private var stageW:Number;
        private var stageH:Number;
        private var content_mc:Sprite;
        private var hand_mc:MovieClip;

        private var _timer:Timer;

        public function Main() {

            this.stageW = stage.stageWidth;
            this.stageH = stage.stageHeight;
            this.content_mc = new Sprite();
            addChild(content_mc);

            Mouse.hide();
            this.hand_mc = new MouseHand();
            hand_mc.mouseEnabled = false;
            hand_mc.gotgood_mc.mouseEnabled = false;
            addChild(hand_mc);
            stage.addEventListener(MouseEvent.MOUSE_MOVE, stageMoveHandler);
            stage.addEventListener(MouseEvent.MOUSE_DOWN, stageDownHandler);

            init();

        }

        private function init():void{

            _grade = 0;
            displayGrade_txt.text = "0";
            start_btn.addEventListener(MouseEvent.CLICK,startGame);
        }

        private function startGame(event:MouseEvent):void {

            trace("开始游戏！");
```

图11-31

```
49          out_btn.visible = true;
50          out_btn.addEventListener(MouseEvent.CLICK,outGame);
51
52          _timer =new Timer(500,0);
53          _timer.addEventListener(TimerEvent.TIMER,copy);
54          _timer.start();
55          start_btn.visible =false;
56      }
57
58      private function outGame(event:MouseEvent):void{
59
60          _timer.stop();
61          start_btn.visible = true;
62          out_btn.visible = false;
63
64          //下面清除所有容器中的所有子项侦听和子项
65          var num:uint = content_mc.numChildren;
66          var _mc:MovieClip;
67          for (var i:int = 0; i <num; i++) {
68
69              _mc = content_mc.getChildAt(0) as MovieClip;
70              _mc.removeEventListener(MouseEvent.MOUSE_DOWN, downHandler);
71              _mc.removeEventListener(Event.ENTER_FRAME, removeDrop);
72              content_mc.removeChild(_mc);
73          }
74
75          init();
76
77      }
78
79      private function stageMoveHandler(e:MouseEvent):void {
80
81          this.hand_mc.x = stage.mouseX;
82          this.hand_mc.y = stage.mouseY;
83      }
84      private function stageDownHandler(event:MouseEvent):void {
85          //var _mc:MovieClip = event.target as MovieClip;
86          hand_mc.gotgood_mc.gotoAndPlay(2);
87      }
88
89
90      private function copy(event:TimerEvent) {
91
92          var mc = new Fly(Math.random() * 10 + 1);
93          mc.x = Math.random() * this.stageW;
94          mc.y = this.stageH;
95
96          content_mc.addChild(mc);
97          mc.addEventListener(MouseEvent.ROLL_OVER, downHandler);
98          mc.addEventListener(Event.ENTER_FRAME, removeDrop);
99      }
100     public function refreshGrade(grade:Number = 1):void {
101         this._grade += grade;
102         displayGrade_txt.text = this._grade.toString();
103     }
104
105     private function downHandler(event:MouseEvent) {
106
107         var mc = event.target;
108         mc.removeTimerHandler();
109         mc.removeEventListener(MouseEvent.MOUSE_DOWN, downHandler);
110         mc.removeEventListener(Event.ENTER_FRAME, removeDrop);
111         content_mc.removeChild(mc);
112
113         //refreshGrade(mc.flySpeed);//按速度记分
114         refreshGrade();//按数量记分
115
116     }
117
118     private function removeDrop(event:Event) {
119         var _mc:MovieClip = event.target as MovieClip;
120
121         if (_mc.y <= 0) {
122             _mc.removeTimerHandler();
123             _mc.removeEventListener(MouseEvent.MOUSE_DOWN, downHandler);
124             _mc.removeEventListener(Event.ENTER_FRAME, removeDrop);
125             content_mc.removeChild(_mc);
126         }
127
128     }
129
130
131
132     }
133 }
```

图11-31（续）

（4）打开"库"面板，在影片剪辑元件"Fly"上单击鼠标右键，在弹出的快捷菜单中执行"属性"命令，如图11-32所示。

（5）打开"元件属性"对话框，展开"高级"栏，勾选"为ActionScript导出"复选框，单击"确定"按钮，如图11-33所示。

图11-32

图11-33

（6）打开"库"面板，在影片剪辑元件"MouseHand"上单击鼠标右键，在弹出的快捷菜单中执行"属性"命令，如图11-34所示。

（7）打开"元件属性"对话框，展开"高级"栏，勾选"为ActionScript导出"复选框，单击"确定"按钮，如图11-35所示。

图11-34

图11-35

（8）返回主场景，打开"属性"面板，单击"更多设置"按钮，如图11-36所示。

（9）弹出"发布设置"对话框，单击"ActionScript设置"按钮🔧，弹出"高级ActionScript 3.0设置"对话框，在"文档类"文本框中输入"Main"，如图11-37所示。

（10）保存文件，按Ctrl+Enter组合键，本例完成效果如图11-38所示。

图11-36

图11-37

图11-38

 对大多数初学者来说，使用Animate 2021制作游戏一直很吸引人，也很有趣，甚至许多初学者都把制作精彩的游戏作为主要的目标。但在游戏制作前期没有做好设计与规划，往往会导致难以顺利进行游戏设计，所以除了技术外，游戏的设计与规划也是非常重要的。

# 11.5 知识拓展

在整个Animate动画制作过程中，设计与规划尤为重要，也常被称作整体规划。正所谓"运筹帷幄，决胜千里"。在开始制作之前，应该对所要做的事有一个全盘的考量，这样做起事来才会从容不迫。如果没有一个整体的框架，则制作动画时会非常茫然，没有目标，甚至会偏离主题。特别是需要多人合作时，创作规划更不可或缺。

要制作Animate动画，前期的整体规划十分重要。它可使制作的Animate动画更加合理，更加精美，同时也能体现出一个Animate动画设计师的工作能力。综上所述，Animate动画的整体规划对于Animate动画设计师的重要性显而易见。

下面简要介绍Animate游戏的整体规划流程。

1. 构思

在着手制作一个游戏前，必须先做一个大概的游戏规划或者方案，要做到心中有数，而不能边做边想。

要想让制作游戏的过程有的放矢，关键就在于先制定一个完善的工作流程，安排好工作进度和分工，这样就会事半功倍。在制订任何工作计划之前，一定要先在心里有一个明确的构思，对游戏有一个整体设想。

### 2. 制作游戏的目的

制作一个游戏的目的有很多，有的纯粹是娱乐，有的是想吸引更多人浏览自己的网站，有的是出于商业上的目的。

在进行游戏的制作之前，必须先确定制作游戏的目的，这样才能制作出符合需求的游戏。

### 3. 游戏的具体制作流程设计

在确定了将要制作的游戏的目的与类型后，就可以开始设计游戏的具体制作流程了。

其实Animate游戏的具体制作流程设计并没有想象中那么难，大致上只需设想好游戏中会发生的所有情况，并绘制出流程简图即可。如果是RPG游戏，需要设计好游戏中的所有可能情节，并针对这些情节安排好对应的处理方法，那么制作游戏就变成一项很系统的工作了。

### 4. 素材的搜集和准备

游戏流程图设计出来后，就需要着手搜集和准备制作游戏时要用到的各种素材，包括图片、声音等。俗话说"巧妇难为无米之炊"，要完成一个成功的Animate游戏，必须拥有足够丰富的游戏内容和漂亮的游戏画面，所以在进行下一步具体的制作工作前，就需要好好准备游戏素材。

（1）图形的准备。这里的图形一方面是指在Animate 2021中应用很广的矢量图，另一方面是指一些外部的位图文件，两者可以互补，这是游戏中最基本的素材。虽然Animate 2021提供了丰富的绘图和造型工具，用户可以在Animate 2021中完成绝大多数的图形绘制工作，但是在Animate 2021中只能绘制矢量图形，如果需要用到一些位图或者其他用Animate 2021很难绘制的图形，就需要使用外部的素材。

（2）音乐及音效的准备。音乐和音效在游戏中是非常重要的元素，给游戏加入适当的音乐和音效，可以为整个游戏增色不少。